AF452773

LES
SINGULARITÉS
DE
LA NATURE.

LES SINGULARITÉS

DE

LA NATURE.

PAR

Un Académicien de Londres, de Boulogne, de Petersbourg, de Berlin, &c.

A BASLE,

---

1 7 6 8.

Fin de la Table.

DES
SINGULARITÉS
DE LA NATURE.

ON se propose ici d'examiner plusieurs objets de notre curiosité avec la défiance qu'on doit avoir de tout fistême, jusqu'à-ce qu'il soit démontré aux yeux ou à la raison. Il faut bannir autant qu'on le pourra toutes plaisanteries dans cette recherche. Les railleries ne font pas des convictions ; les injures encor moins. Un médecin plus connu par son imagination impétueuse que par sa pratique, en écrivant

A

contre le célébre Linneus qui range dans la
même claffe l'hipopotame , le porc & le cheval , lui dit : *cheval toi -même*. Je l'interrom-
pis lorfqu'il lifait cette phrafe , & je lui dis:
» vous m'avouerez que fi Mr. Linneus eft
» un cheval, c'eft le premier des chevaux. «
Il n'eft pas adroit de débuter par de telles
épithètes & il n'eft pas honnête de conclure
par elles.

L'examen de la nature n'eft pas une faty-
re. Tenons nous feulement en garde contre
les apparences qui trompent fi fouvent, contre l'autorité magiftrale qui veut fubjuguer ,
contre le charlatanifme qui accompagne &
qui corrompt fi fouvent les fciences ; contre
la foule crédule qui eft pour un temps l'é-
cho d'un feul homme.

Souvenons-nous que les tourbillons de Defcartes fe font évanouïs ; qu'il ne refte rien
de fes trois élémens, prefque rien de fa d'ef-
cription de l'homme, que deux de fes loix
du mouvement font fauffes , que fon fiftême
fur la lumière eft erroné , que fes idées innées
font rejettées. &c. &c. &c.

Songeons que les fiftêmes de Burnet , de
Woodward , de Whiflon fur la formation de

la terre n'ont pas aujourd'hui un partifan ,
qu'on commence en Allemagne même à re-
garder les monades, l'harmonie préétablie,
& la théodicée de l'ingénieux & profond
Leibnitz comme des jeux d'efprit oubliés en
naiffant dans tout le refte de l'Europe. Plus
on a découvert de vérités dans le fiècle de
Newton, plus on doit bannir les erreurs qui
fouilleraient ces vérités. On a fait une am-
ple moiffon; mais il faut cribler le froment
& rejetter l'ivraie.

Dans la phifique comme dans toutes les
affaires du monde, commençons par douter.

Examinons par nos yeux & par ceux des
autres. Craignons enfuite d'établir des régles
générales. Celui qui n'ayant vu que des bipèdes & des quadrupèdes enfeignerait que la
génération ne s'opère que par l'union d'un
mâle & d'une femelle fe tromperait lourde-
ment.

Celui qui avant l'invention de la greffe
aurait affirmé que les arbres ne peuvent jamais porter que des fruits de leur efpèce ,
n'aurait avancé qu'une erreur.

Il y a près d'un fiècle qu'on crut avoir

découvert un satellite de Venus. Depuis, un célèbre observateur Anglais vit ou crut voir ce satellite ; on a cru aussi le voir en France : cependant les astronomes en doutent. Il est probable qu'il existe ; mais on a besoin de perfectionner les télescopes pour s'en assurer.

L'analogie pourait attribuer à plus forte raison un satellite à Mars, qui est beaucoup plus éloigné du soleil que nous. Ce satellite ferait plus aisé à découvrir ; cependant on ne l'a jamais apperçu. Le plus sûr est donc toujours de n'être sûr de rien, ni dans le ciel ni sur la terre, jusqu'à-ce qu'on en ait des nouvelles bien constatées.

Caliginosâ nocte premit Deus : Dieu couvre, dit Horace, ses secrets d'une nuit profonde.

M'apprendra-t'on jamais par quels subtils ressorts
L'Eternel artisan fait végéter les corps ?
Pourquoi l'aspic affreux, le tigre, la panthère
N'ont jamais dépouillé leur cruel caractère,
Et que reconnaissant la main qui le nourrit,
Le chien meurt en léchant le maître qu'il chérit ;
D'où vient qu'avec cent pieds qui semblent inutiles
Cet insecte tremblant traine ses pas débiles ?

Comment ce vers changeant se bâtit un tombeau
S'enterre & reffufcite avec un corps nouveau,
Et le front couronné tout brillant d'étincelles
S'élance dans les airs en déployant fes ailes ?
Le fage Duféy parmi fes plans divers,
Végétaux raffemblés des bouts de l'univers,
Me dira-t-il pourquoi la tendre fenfitive
Se flétrit fous nos mains honteufe & fugitive?

. . . .

Demandez à Silva par quel fecret miftère
Ce pain cet aliment dans mon corps digère,
Se transforme en un lait doucement préparé?
Comment toujours filtré dans fes routes certaines,
En longs ruiffeaux de pourpre il court enfler mes
    veines ?
A mon corps languiffant rend un pouvoir nouveau,
Fait palpiter mon cœur, & penfer mon cerveau?
Il léve au ciel les yeux, il s'incline, il s'écrie :
Demandez-le à ce Dieu, qui nous donna la vie?

Ce n'eft point là ce qu'on appelle la raifon
pareffeufe ; c'eft la raifon éclairée & foumife
qui fait qu'un être chétif ne peut pénétrer
l'infini. Un fêtu fuffit pour nous démontrer
nôtre impuiffance. Il nous eft donné de me-
furer, calculer, péfer & faire des expériences ; mais fouvenons-nous toujours que le fage
Hipocrate commença fes aphorifmes par dire
que *l'expérience eft trompeufe* ; & qu'Ariftote

commença fa métaphifique par ces mots *qui cherche à s'inftruire doit favoir douter.*

Pour voir de quels effets étonnans la nature eft capable, examinons quelques-unes de fes productions qui font fous nos mains, & cherchons (en doutant) quels réfultats évidents nous en pourions former.

CHAPITRE PREMIER.
DES PIERRES
FIGURÉES.

CEs pierres foit agathes foit efpèces de marbres & de cailloux font fort communes ; on les appelle dendrites quand elles repréfentent des arbres, herborifées ou arborifées lorfqu'elles ne figurent que de petites plantes, zoomorfites quand le jeu de la nature leur a imprimé la reffemblance imparfaite de quelques animaux. On pourait nommer domatiftes celles qui repréfentent des maifons. Il y en a quelques-unes de très étonnantes de cette efpèce. J'en ai vu une fur laquelle on difcernait un arbre chargé de fruits, & une face d'homme très mal deffinée; mais reconnaiffable.

Il est clair que ce n'est ni un arbre, ni une maison qui a laissé l'empreinte de son image sur ces petites pierres dans le tems qu'elles pouvaient avoir de la mollesse & de la fluidité. Il est évident qu'un homme n'a pas laissé son visage sur une agathe. Cela seul démontre que la nature exerce dans le genre des fossilles, comme dans les autres, un empire dont nous ne pouvons révoquer en doute la puissance, ni démêler les ressorts.

Dire qu'on a vu sur ces dendrites des empreintes de feuilles d'arbres qui ne croissent qu'aux Indes, n'est-ce pas avancer une chose peu prouvée ? Une telle fiction n'est-elle pas la suite du roman imaginé par quelques-uns, que la mer des Indes est venue autrefois en Allemagne, dans les Gaules & dans l'Espagne ? Les Huns & les Goths y sont bien venus : oui, mais la mer ne voyage pas comme les hommes. Elle gravite éternellement vers le centre du globe : Elle obéit aux loix de la nature. Et quand elle aurait fait ce voyage, comment aurait-elle apporté des feuilles des Indes pour les déposer sur des agathes de Bohême ? Nous commençons par cette observation ; parce qu'elle nous servira plus qu'aucune autre à nous défier de l'opinion que les petits poiſſons des mers les plus éloignées ſont venus habiter les carriéres de Montmartre & les ſommets des Alpes & des Pirenées. Il y a eu ſans doute de grandes révolutions ſur ce globe : mais on aime à les augmenter : on traite la nature comme l'hiſtoire ancienne, dans laquelle tout eſt prodige.

CHAPITRE SECOND.

DU CORAIL.

ESt-on bien ſûr que le corail ſoit une production d'inſectes, comme il eſt indubitable que la cire eſt l'ouvrage des abeilles ? On a trouvé de petits inſectes dans les pores du corail ; mais où n'en trouve-t-on pas ? Les creux de tous les arbres en fourmillent, les vieilles murailles ſont tapiſſées de républiques ; mais ces petits animaux n'ont pas formé les murailles & les arbres ? On ſerait bien mieux fondé ſi on voyait un vieux fromage de ſaſenage pour la premiére fois, à ſuppoſer que les mites innombrables qu'il renferme, ont produit ce fromage.

Un de ceux qui ont dit que les coraux étaient compofés de petits vers, prétendit en même tems que le lapis était fait d'offemens de morts, parce qu'on avait découvert quelques lapis imparfaits auprès d'un ancien cadavre. Il fe pourait bien que les coraux ne fuffent pas plus l'ouvrage d'un ver, que le lapis n'eft l'ouvrage d'un os de mort.

Mille infectes viennent fe loger dans les éponges fur le bord de la mer ; mais ces infectes ont-ils produit les éponges ? De très-habiles naturaliftes croyent le corail un logement que des infectes fe font bâti. D'autres s'en tiennent à l'ancienne opinion que c'eft un végétal, & le témoignage des yeux eft en leur faveur.

CHAPITRE TROISIEME.

DES POLIPES.

ESt-il bien avéré que les lentilles d'eau qu'on a nommées Polipes d'eau douce, foient de vrais animaux ? Je me défie beaucoup de mes yeux & de mes lumières ; mais je n'ai jamais pu apercevoir jufques à présent dans ces Polipes que des espèces de petits joncs très-fins qui semblent tenir de la nature des sensitives. L'héliotrope ou la fleur au soleil qui souvent se tourne d'elle-même du côté de cet astre, a pu paraître d'abord un phénomène aussi extraordinaire que celui des Polipes. La mimose des Indes qui semble imiter le mouvement des animaux, n'est pourtant point dans le genre animal. La petite progression très-lente & très-faible qu'on remarque dans les Polipes nageant dans un gobelet d'eau, n'approche pas de la progression beaucoup plus rapide & plus visible des petites pierres plates qui descendent des bords d'un plat dans le milieu, quand ce plat est rempli de vinaigre. Les bras du Polipe pouraient bien n'être que des ramifications, les têtes de simples boutons, son estomac des fibres creuses, ses mouvemens des ondulations de ces fibres. Les petits insectes que cette plante semble quelquefois avaler, peuvent entrer dans sa substance pour s'y nourrir & y périr, aussi bien qu'être attirés par cette substance pour être mangés par elle. Le Polipe subsiste très-bien sans que ces petits insectes tombent dans ses fibres, il n'a donc pas beloin d'aliments : on peut donc croire qu'il n'eft qu'une plante. Ce qu'on a pris pour fes œufs peut n'être que de la graine. Sa reproduction par bouture paraît indiquer que c'eft une fimple plante. Enfin elle jette des rameaux quand on l'a retournée comme on retourne un gant: Certainement la nature ne l'a pas faite pour être ainfi retournée par nos mains , & il n'y a rien là qui fente l'animalité.

Feu Mr. Duféy avait fur fa cheminée une belle garniture de Polipes de la grande ef- pèce dans des vafes. Ses parens & moi nous regardions de tous nos yeux , & nous lui difions que nous reffemblions à Sancho Panfa qui ne voyait que des moulins à vent où fon maître voyait des géans armés. Notre incré- dulité ne doit pourtant pas dépouiller ces Po- lipes de la dignité d'animaux. Des expériences frapantes dépofent pour eux. Je ne prétends pas leur ravir leurs titres ; mais ont-ils la fen- fibilité & la perception qui diftinguent le régne animal du végétal ? Reconnoiffons- nous pour nos confrères des gens qui n'ont pas avec nous la moindre reffemblance ? Cer- tainement le flutèur de Mr. Vaucanfon a plus l'air d'un homme qu'un Polipe n'a l'air d'un animal. Peut-être devrait-on n'accorder la qualité d'animal qu'aux êtres qui feraient toutes les fonctions de la vie, qui manifesteraient du sentiment, des désirs, des volontés & des idées.

Il est bon de douter encore jusqu'à ce qu'un nombre suffisant d'expériences réitérées nous ait convaincus que ces plantes aquatiques sont des êtres doués de sentimens, de perception, & des organes qui constituent l'animal réel. La vérité ne peut que gagner à attendre.

CHAPIT. QUATRIEME.

DES LIMAÇONS.

LA reproduction de ces Polipes, qui se fait comme celle des peupliers & des saules est bien moins merveilleuse que la renaissance des têtes des Limaçons incoques. Qu'il revienne une tête à un animal assez gros, visiblement vivant, & dont le genre n'est point équivoque (*), c'est là un pro-

(*) J'ai coupé la tête entiere à quinze Limasses incoques, toutes ont repris des têtes en moins de six
semaines

dige inoui ; mais un prodige qu'on ne peut contester. Il n'y a point là de supposition à faire , point de microscope à employer , point d'erreurs à craindre. La raison humaine , & sur-tout la raison de l'école , est confondue par le témoignage des yeux. On croit la tête dans tous les êtres vivans le principe , la cause de tous les mouvemens , de toutes les sensa- tions , de toutes les perceptions : ici c'est tout le contraire. La tête qui va renaître reçoit du reste du corps en quinze ou vingt jours des fibres , des nerfs, une liqueur circulante qui tient lieu de sang , une bouche , des dents , des télescopes , des yeux , un cerveau , des sensations , des idées , je dis des idées , car on ne peut sentir sans avoir une idée au moins confuse que l'on sent. Où sera donc désormais le principe de l'animal ? Sera-t-on forcé de revenir à *l'harmonie* des Grecs ? Et

semaines , les unes plutôt les autres plus tard. Aucun Limaçon à coquille n'a reproduit de tête. Un seul à qui je n'avais coupé la tête qu'entre les quatre antennes a reproduit la partie de tête coupée. Les expériences sur les limasses sont les plus étonnantes qu'on ait jamais faites & on n'est pas au bout.

dix mille volumes de métaphifique deviendront-ils abfolument inutiles ?

Si du moins la reproduction de ces têtes pouvait forcer certains hommes à douter, les colimaçons auraient rendu un grand fervice au genre humain.

CHAPITRE CINQUIEME.

DES HUITRES
A L'ECAILLE.

LEs huîtres font un grand prodige pour nous, non pas pour la nature. Un animal toujours immobile, toujours folitaire, emprifonné entre deux murs auffi durs qu'il eft mou, qui fait naître fes femblables fans copulation, & qui produit des perles fans qu'on fache comment, qui femble privé de la vue, de l'ouie, de l'odorat & des organes ordinaires de la nourriture : Quel enigme ! On les mange par centaines fans faire la moindre réfléxion fur leurs fingulières propriétés. Il faudrait faire fur eux les mêmes tentatives que fur les limaçons, leur couper fur leur

rocher ce qui leur fert de tête , refermer enfuite leur écaille , & voir au bout d'un mois
ce qui leur fera arrivé. Sont-ils des zoophi-
tes ? Quelles bornes divifent le végétal &
l'animal ? Où commence un autre ordre de
chofes ? Quelle chaîne lie l'Univers ? Mais
y a-t-il une chaîne ? Ne voit-on pas une dif-
proportion marquée entre les planetes & leurs
diftances ? Entre la nature brute & l'organifée ? Entre la matière végétante & la fenfible , entre la fenfible & la penfante ? Qui
fait fi elles fe touchent , qui fait s'il n'y a
pas entr'elles un infini qui les fépare ? Qui
faura jamais feulement ce que c'eft que la
matière ?

CHAPITRE SIXIEME.

DES ABEILLES.

JE ne fais pas qui a dit le premier que les
abeilles avaient un Roi. Ce n'eft pas probablement un Républicain à qui cette idée
vint dans la tête.

Je ne fais pas qui leur donna enfuite une

reine au lieu d'un roi , ni qui suppofa le premier que cette reine était une meffaline qui avait un férail prodigieux , qui paffait fa vie à faire l'amour & à faire fes couches , qui pondait & logeait environ quarante mille œufs par an. On a été plus loin ; on a prétendu qu'elle pondait trois efpèces différentes , des reines , des efclaves , nommés bourdons , & des fervantes nommées ouvrières , ce qui n'eft pas trop d'accord avec les loix ordinaires de la nature.

On a cru qu'un Phificien , d'ailleurs grand obfervateur , inventa il y a quelques années les fours à poulets , inventés depuis environ cinq mille ans par les Egyptiens , ne confiderant pas l'extrême différence de notre climat & de celui d'Egypte ; on a dit encor que ce Phificien , inventa de même le royaume des abeilles fous une reine : mère de trois efpèces.

Tous les naturaliftes ont répété cette invention. Enfin il eft venu un homme qui étant poffeffeur de fix cent ruches , a mieux examiné fon bien que ceux qui n'ayant point d'abeilles ont copié des volumes fur cette république induftrieufe qu'on ne connait guères

res

mieux que celles des fourmis. Cet homme
eſt Mr. Simon qui ne ſe pique de rien, qui
écrit très ſimplement ; mais qui recueille,
comme moi du miel & de la cire. Il a de
meilleurs yeux que moi, il en ſait plus que
Mr. le Prieur de Jonval , & que Mr. le
Comte du Spectacle de la nature , il a examiné les abeilles pendant vingt années ; il nous
aſſure qu'on s'eſt moqué de nous , & qu'il
n'y a pas un mot de vrai dans tout ce qu'on
a répété dans tant de livres.

Il prétend qu'en effet il y a dans chaque
ruche une eſpèce de roi & de reine qui per-
pétuent cette race royale & qui préſident
aux ouvrages, il les a vus, il les a deſſinés ,
& il renvoie aux mille & une nuits & à l'hiſtoire de la Reine d'Achem la prétendue reine
abeille avec ſon ſérail. Il y a enſuite la race
des bourdons qui n'a aucune rélation avec la
première , & enfin la grande famille des
abeilles ouvriéres qui ſont mâles & femeles ,
& qui forment le corps de la république. Ce
ſont les abeilles femeles qui dépoſent leurs
œufs dans les cellules qu'elles ont formées.

Comment en effet la reine ſeule pourait-
elle pondre & loger quarante mille œufs l'un

après l'autre ? Il eſt très-vraiſemblable que Mr. Simon a raiſon. Le ſiſtême le plus ſimple eſt preſque toujours le véritable. Je me ſoucie d'ailleurs fort peu du roi & de la reine. J'aurais mieux aimé que tous ces raiſonneurs m'euſſent appris à guérir mes abeilles, dont la plupart moururent il y a deux ans pour avoir trop ſuccé des fleurs de tilleul.

On nous a trompés ſur tous les objets de notre curioſité, depuis les éléphans juſqu'aux abeilles & aux fourmis, comme on nous a donné des contes arabes pour l'hiſtoire depuis Séſoſtris, juſqu'à la donation de Conſtantin, & depuis Conſtantin & ſon labarum, juſqu'au pacte que le Maréchal Fabert fit avec le Diable. Preſque tout eſt obſcurité dans les origines des animaux, ainſi que dans celles des peuples ; mais quelque opinion qu'on embraſſe ſur les abeilles & ſur les fourmis, ces deux républiques auront toujours de quoi nous étonner & de quoi humilier notre raiſon. Il n'y a point d'inſecte qui ne ſoit une merveille inexplicable.

On trouve dans les proverbes attribués à Salomon qu'*il y a quatre choſes qui ſont les plus petites de la terre, & qui ſont plus ſages que*

les fages. Les fourmis , petit peuple qui fe pré-
pare une nourriture pendant la moiffon ; le liévre ,
peuple faible qui couche fur des pierres ; la fau-
terelle , qui n'ayant pas de rois , voyage par
troupes ; le lézard qui travaille de fes mains
& qui demeure dans les palais des rois. J'ignore
pourquoi Salomon a oublié les abeilles qui
paraiffent avoir un inftinct bien fupérieur à
celui des liévres , qui ne couchent point fur
la pierre , & des lézards dont j'ignore le génie.
Au furplus je préférerai toujours une abeille
à une fauterelle.

CHAPITRE SEPTIEME,

DE LA PIERRE.

LA nature fe joue à former autant de fortes de pierres que d'animaux. Elle produit des pierres qui reffemblent à des lentilles & qu'on appelle lenticulaires , des cubes , des cailloux ronds, des pierres un peu ref-
femblantes à des langues , & qu'on a nommées gloffopètres , d'autres qui ont la forme
aprochante d'un œuf, d'autres dont le

figure est celle de l'oursin de mer. Il y en a beaucoup de tournées en spirales. On leur a donné très-improprement le nom de cornes d'ammon : car dans toutes les sciences on a eu la petite vanité d'imposer des noms fastueux aux choses les plus communes. Ainsi les Chimistes ont appellé une préparation de plomb, *du sucre de Saturne*, comme un Bourgeois ayant acheté une Charge prend le titre de Haut & de Puissant Seigneur chez son Notaire.

J'ai vu de ces cornes d'ammon qui paraissent nouvellement formées & qui ne sont pas plus grandes que l'ongle du petit doigt. J'en ai vu d'à demi formées & qui pésent vingt livres. J'en ai vu qui font une volute parfaite, d'autres qui ont la forme d'un serpent entortillé sur lui-même, aucune qui ait l'air d'une corne. On a dit que ces pierres sont l'ancien logement d'un poisson qui ne se trouve qu'aux Indes , que par conséquent la mer des Indes a couvert nos campagnes ; nous en avons déjà parlé & nous demandons encore , si cette maniere d'expliquer la nature est bien naturelle ?

Il y a des coquilles nommées *concha veneris,*

conques de venus , parce qu'elles ont une fente oblongue doucement arrondie aux deux bouts. L'imagination galante de quelques Phificiéns leur a donné un beau titre ; mais cette dénomination ne prouve pas que ces coquilles foient les dépouilles des Dames.

CHAPITRE HUITIEME.

DU CAILLOU.

QUel fuc pierreux forme ces cailloux de mille efpèces différentes ? Pourquoi dans plufieurs de nos campagnes ne voit - on pas un feul caillou , & que d'autres à peu de diftance en font couvertes ? Pourquoi en Amérique vers la riviére des Amazones n'en trouve-t-on pas un feul dans l'efpace de cinq cent lieues ?

Au milieu de nos champs nous découvrons fouvent des cailloux énormes , depuis trois pieds jufqu'à vingt de diamètre ; & à côté il y en a qui paraiffent auffi anciens & qui n'ont pas un demi pouce d'épaiffeur. D'autres n'ont que deux ou trois lignes de

diamètre. Leur pefanteur fpécifique eſt iné-
gale ; elle approche dans les uns de celle
du fer, dans d'autres elle eſt moindre, &
dans quelques - uns plus forte.

Quelque péſant, quelque opaque, quelque liſſe qu'un caillou puiſſe être, il eſt
percé comme un crible. Si l'or & les dia-
mans ont autant & plus de pores que de
ſubſtance, à plus forte raiſon le caillou eſt - il
percé dans toutes ſes dimenſions ; & un million d'ouvertures dans un caillou peut fournir
autant d'aziles à des inſectes imperceptibles.
C'eſt un aſſemblage de parties homogènes
dont réſulte une maſſe ſouvent inébranlable
au marteau. Il eſt vitrifiable à la longue à
un feu de fournaiſe, & on voit alors que
ſes parties conſtituantes font une eſpèce de
criſtal ; mais quelle force avait joint ces petits
criſtaux ? D'où réſultait ce corps ſi dur que
le feu a diviſé ? Eſt-ce l'attraction qui rendait
toutes ſes parties ſi unies entre elles & ſi com-
pactes ? Cette attraction démontrée entre le
ſoleil & les planetes, entre la terre & ſon
ſatellite, agit-elle entre toutes les parties du
globe, tandis qu'elle pénétre au centre du
globe entier ? Eſt-elle le premier principe de

la cohéfion des corps ? eft-elle avec le mouvement la première loi de la nature ? C'eft
ce qui paraît le plus probable ; mais que
cette probabilité eft encor loin d'une con-
viction lumineufe !

CHAPITRE NEUVIEME.

DE LA ROCHE.

IL y a plufieurs fortes de roches qui forment la chaîne des Alpes & des autres
montagnes, par lefquelles les Alpes fe rejoi-
gnent aux Pirénées. Je ne parlerai dans cet
article que de la fameufe opération d'Annibal fur le haut des Alpes. Une pointe de
roche efcarpée lui fermait le paffage. Il la
rendit calcinable, ou du moins facile à di-
vifer par le fer en l'échauffant par un grand
feu & en y verfant du vinaigre.

Les fiècles fuivans ont douté de la poffi-
bilité du fait. Tout ce que je fais, c'eft qu'a-
yant pris des éclats d'une de ces roches à
grains qui compofent la plus grande partie
des Alpes, je la mis dans un vafe rempli

d'un vinaigre bouillant , elle devint en peu
de minutes presque friable comme du sable.
Elle se pulverisa entre mes doigts. Il n'y a
point d'enfant qui ne puisse faire l'expérience
d'Annibal.

CHAPITRE DIXIEME.

DES MONTAGNES,

DE LEUR NECESSITÉ

ET DES

CAUSES FINALES.

IL y a une très grande différence entre
les petites montagnes isolées & cette chaîne
continue de rochers qui régnent sur l'un &
sur l'autre hémisphère. Les isolées sont des
amas hétérogènes composées de matières étrangères entaillés sans ordre , sans couches régu-
lieres. On y trouve des restes de végétaux,
d'animaux terrestres & aquatiques ou pétri-
fiés , ou friables , des bitumes , des débris
de minéraux. Ce sont pour la plûpart des vol-

cans, des éruptions de la terre, des excref-
cenfes caufées par des convulfions, leurs fom-
mets font rarement en pointes ; leurs flâmes
contiennent des foufres qui s'allument.

La grande chaîne au contraire eft formée
d'un roc continu, tantôt reffemblant au caillou, tantôt à la roche à grains, tantôt au
grès. Elle s'élève & s'abaiffe par intervales. Ses
fondemens font probablement auffi profonds
que fes cimes font élevées. Elle parait une
pièce effentielle à la machine du monde,
comme les os le font aux quadrupèdes & aux
bipèdes. C'eft autour de leurs faites que s'af-
femblent les nuages & les neiges, qui de là,
fe répandant fans ceffe, forment tous les fleuves,
& toutes les fontaines dont on a fi long-tems
& fi fauffement attribué la fource à la mer.

Sur ces hautes montagnes dont la terre eft
couronnée, point de coquilles, point d'amas
confus de végétaux pétrifiées, excepté dans
quelques crévaffes profondes où le hazard a
jetté des corps étrangers.

Les chaînes de ces montagnes qui couvrent
l'un & l'autre hémifphère ont une utilité plus
fenfible. Elles affermiffent la terre ; elles fervent à l'arrofer, elles renferment à leurs ba-

ses tous les métaux, tous les minéraux.

Qu'il soit permis de remarquer à cette occasion, que toutes les piéces de la machine de ce monde semblent faites l'une pour l'autre. Quelques Philosophes affectent de se moquer des causes finales rejettées par Epicure & par Lucrèce. C'est plutôt, ce me semble, d'Epicure & de Lucrèce qu'il faudrait se moquer. Ils vous disent que l'œil n'est point fait pour voir ; mais qu'on s'en est servi pour cet usage, quand on s'est apperçu que les yeux y pouvaient servir. Selon eux la bouche n'est point faite pour parler, pour manger, l'estomac pour digérer, le cœur pour recevoir le sang des veines & l'envoyer dans les artères, les pieds pour marcher, les oreilles pour entendre. Ces gens-là pourtant avouaient que les Tailleurs leur faisaient des habits pour les vêtir, & les Maçons des maisons pour les loger ; & ils osaient nier à la nature, au grand Etre, à l'intelligence universelle ce qu'ils accordaient tous à leurs moindres ouvriers.

Il ne faut pas sans doute abuser des causes finales ; on ne doit pas dire, comme Mr. le Prieur dans le Spectacle de la nature, que les marées sont données à l'océan pour que les vaiſſeaux entrent plus aiſément dans les ports, & pour empêcher que l'eau de la mer ne ſe corrompe : car la méditerranée n'a point de flux & de reflux, & ſes eaux ne ſe corrompent point.

Pour qu'on puiſſe s'aſſurer de la fin véritable pour laquelle une cauſe agit, il faut que cet effet ſoit de tous les temps & de tous les lieux. Il n'y a pas eu des vaiſſeaux en tout temps & ſur toutes les mers ; ainſi l'on ne peut pas dire que l'océan ait été fait pour les vaiſſeaux. Nous avons remarqué ailleurs que les nez n'avaient pas été faits pour porter des lunettes, ni les mains pour être gantées ; on ſent combien il ſerait ridicule de prétendre que la nature eût travaillé de tout tems pour s'ajuſter aux inventions de nos arts arbitraires, qui tous ont paru ſi tard ; mais il eſt bien évident que ſi les nez n'ont pas été faits pour les béſicles, ils l'ont été pour l'odorat, & qu'il y a des nez depuis qu'il y a des hommes. De même les mains n'ayant pas été données en faveur des gantiers, elles ſont viſiblement deſtinées à tous les uſages que le métacarpe & les phalanges de nos doigts, & les mouvemens du muſcle circulaire du poignet nous procurent.

Cicéron qui doutait de tout, ne doutait pas pourtant des caufes finales.

Il paraît bien difficile fur tout; que les organes de la génération ne foient pas deftinées à perpétuer les efpèces. Ce méchanifme eft bien admirable, mais la fenfation que la nature a jointe à ce méchanifme eft plus admirable encore. Epicure devait avouer que le plaifir eft divin, & que ce plaifir eft une caufe finale, par laquelle font produits fans-ceffe ces êtres fenfibles qui n'ont pu fe donner la fenfation.

Cet Epicure était un grand homme pour fon tems ; il vit ce que Defcartes a nié, ce que Gaffendi a affirmé, ce que Neuton a démontré, qu'il n'y a point de mouvement fans vuide. Il conçut la néceffité des atomes pour fervir de parties conftituantes aux efpèces invariables. Ce font là des idées très-philofophiques. Rien n'était fur-tout plus refpectable que la morale des vrais Epicuriens ; elle confiftait dans l'éloignement des affaires publiques incompatibles avec la fageffe, & dans l'amitié, fans laquelle la vie eft un fardeau. Mais pour le refte de la phifique d'Epicure , elle ne paraît pas plus admiſſible que la matière cancléc de Deſcartes.

Enfin les chaînes des montagnes qui cou‑ ronnent les deux hémiſphère , & plus de ſix cent fleuves qui coulent juſqu'aux mers du pied de ces rochers , toutes les rivières qui deſcendent de ces mêmes réſervoirs , & qui groſſiſſent les fleuves après avoir fertiliſé les campagnes ; des milliers de fontaines qui par‑ tent de la même ſource, & qui abreuvent le genre animal & le végétal , tout cela ne pa‑ raît pas plus l'effet d'un cas fortuit & d'une déclinaiſon d'atômes , que la rétine qui reçoit les rayons de la lumiére, le criſtalin qui les réfraſte , l'enclume , le marteau , l'étrier , le tambour de l'oreille qui reçoit les ſons , les routes du ſang dans nos veines, la ſiſtole & la diaſtole du cœur, ce balancier de la ma‑ chine qui fait la vie.

CHAPITRE ONZIEME.
DE LA FORMATION
DES MONTAGNES.

ON ne s'eſt pas contenté de dire que notre terre avait été originairement de verre. Maillet a imaginé que nos montagnes avaient été faites par le flux, le reflux & les courans de la mer.

Cette étrange imagination a été fortifiée dans *l'Hiſtoire Naturelle*, Imprimée au Louvre, comme un enfant inconnu & expoſé eſt quelquefois recueilli par un grand Seigneur; mais le public philoſophe n'a pas adopté cet enfant, & il eſt difficile à élever. Il eſt trop viſible que la mer ne fait point une chaîne de roches ſur la terre. Le flux peut amonceler un peu de ſable, mais le reflux l'emporte. Des courans d'eau ne peuvent produire lentement dans des ſiècles innombrables une ſuite immenſe de rochers néceſſaires dans tous les tems. L'ocean ne peut avoir quitté ſon lit creuſé par la nature, pour aller élever au-deſſus

des nües les rochers de l'Immaüs & du Caucafe.
L'océan une fois formé , une fois placé , ne
peut pas plus quitter la moitié du globe pour
fe jetter fur l'autre , qu'une pierre ne peut
quitter la terre pour aller dans la Lune.

Sur quelles raifons aparentes apuye-t-on ce
paradoxe ? Sur ce qu'on prétend que dans
les vallées des Alpes les angles faillans d'une
montagne à l'occident , répondent aux angles
rentrans d'une montagne à l'orient. Il faut
bien , dit-on , que les courans de la mer ayent
produit ces angles. La conclufion eft hazardée.
Le fait peut être vrai dans quelques vallons
étroits ; il ne l'eft pas dans le grand baffin de
la Savoye & du lac de Genève ; il ne l'eft
pas dans la grande vallée de l'Arno autour
de Florence ; mais à quelles branches ne fe
prend - on pas quand on fe noye dans les
fiftêmes !

Il ferait auffi permis , on l'a déja dit , d'a-
vancer que les montagnes ont produit les
mers , que de prétendre que les mers ont produit les montagnes. Car du moins les neiges
dont font couverts continuellement les fom-
mets de ces éminences du globe ; ces neiges
qu'on fupoferait produites avec lui , fe fon-

dant toujours en rivières, feraient à la longue un vaste amas d'eau rassemblé dans la partie la plus creuse. Ce fistème ne vaut rien sans - doute ; mais il est moins révoltant que l'autre.

Quel est donc le véritable fistème ? Celui du Grand Etre qui a tout fait, & qui a donné à chaque élément, à chaque espèce, à chaque genre sa forme, sa place, & ses fonctions éternelles. Le Grand Etre qui a formé l'or & le fer, les arbres, l'herbe, l'homme & la fourmi, a fait l'océan & les montagnes. Les hommes n'ont pas été des poissons, comme le dit Maillet ; tout a été probablement ce qu'il est par des loix immuables. Je ne puis trop répéter que nous ne sommes pas des dieux qui puissions créer un univers avec la parole.

Il est très - vrai que d'anciens ports sont comblés, que la mer s'est retirée de Carthage, de Rosette, des deux Sirtes, de Ravenne, de Fréjus, d'Aiguemortes, &c. Elle a englouti des terrains, elle en a laissé d'autres à découvert. On triomphe de ces phénomènes ; on conclut que l'océan a caché pendant des siècles le mont Taurus & les Alpes sous ses flots. Quoi ! parce que des atterrissements

auront

ront ec ulé la mer de plufieurs lieues , &
qu'elle aura innondé d'un autre côté quelques
terrains bas , on nous perfuadera qu'elle a
innondé le continent pendant des milliers de
fiècles ? Nous voyons des volcans , donc tout
le globe a été en feu ! Des tremblemens de
terre ont englouti des villes , donc tout l'u-
nivers a été la proye des flammes ! Ne doit-
on pas fe défier d'une telle conclufion ? Les
accidens ne font pas des régles générales.

L'illuftre & favant auteur de l'hiftoire naturelle dit à la fin de la théorie de la terre , page 124. *Ce font les eaux raffem-*
blées dans la vafte étendue des mers , qui par
le mouvement continuel du flux & du reflux,
ont produit les montagnes , les valées , &c.

Mais auffi voici comme il s'exprime pag. 139.
» Il y a fur la furface de la terre des con-
» trées élévées qui paraiffent être des points
» de partage marqués par la nature pour la
» diftribution des eaux. Les environs du
» mont St. Godard font un de ces points
» en Europe ; un autre point, eft le pays fi-
» tué entre les provinces de Belozera & de
» Vologda en Ruffie , d'où defcendent des
» riviéres dont les unes vont à la mer noi-

» re, & d'autres à la mer Caspienne &c.

Il enseigne donc ici que cette grande chaîne de montagnes prolongée d'Espagne en Tartarie, est une piéce essentielle à la machine du monde. Il semble se contredire dans ces deux assertions ; il ne se contredit pourtant pas ; car en avouant la nécessité des montagnes pour entretenir la vie des animaux & des végétaux, il suppose que *les eaux du Ciel détruisent peu à peu l'ouvrage de la mer, & ramenant tout au niveau, rendront un jour nôtre terre à la mer, qui s'en emparera successivement, en laissant a découvert de nouveaux continents*, &c.

Voilà donc selon lui, nôtre Europe privée des Alpes & des Pirenées & de toutes leurs branches. Mais en supposant cette chaîne de montagnes écroulée, dispersée sur nôtre continent, n'en élévera-t-elle pas la surface ? Cette surface ne sera-t-elle pas toujours au-dessus du niveau de la mer ? comment la mer en violant les loix de la gravitation & celle des fluides, viendra-t-elle se placer chez les Basques sur les débris des Pirenées ? Que deviendront les habitans hommes & animaux quand l'Océan se sera emparé de l'Europe ?

Il faudra donc qu'ils s'embarquent pour aller chercher les terrains que les mers auront abandonnés vers l'Amérique. Car si l'Océan prend chaque jours quelque chose de nos habitations, il faudra bien qu'à la fin nous allions tous demeurer ailleurs. Descendrons nous dans les profondeurs de l'Océan qui sont en beaucoup d'endroits de plus de mille pieds ? Mais : quelle puissance, contraire à la nature, commandera aux eaux de quitter ces profondes vallées pour nous recevoir ?

Prenons la chose d'un autre biais. Presque tous les naturalistes sont persuadés aujourd'hui que les dépots de coquilles au milieu de nos terres, sont des monuments du long séjour de l'Océan dans les provinces où ces dépouilles se sont trouvées. Il y en a en France à quarante, à cinquante lieues des côtes de la mer. On en trouve en Allemagne, en Espagne, & surtout en Afrique. C'est donc ici un événement tout contraire à celui qu'on a suposé d'abord, *ce ne sont plus les eaux du ciel qui détruisent peu à peu l'ouvrage de la mer, qui ramenent tout au niveau, & qui rendent nôtre terre à la mer.* C'est au contraire la mer qui s'est retirée insensiblement dans la suite des siècles, de la Bourgogne, de la Champagne, de la Touraine, de la Bretagne où elle demeurait, & qui s'en est allée vers le nord de l'Amérique. Laquelle de ces deux supositions prendrons nous ? D'un côté on nous dit que l'Océan vient peu à peu couvrir les Pirénées & les Alpes, de l'autre on nous assure qu'il s'en retourne tout entier par degrés. Il est évident que l'un des deux fistêmes est faux : & il n'est pas improbable qu'ils le soient tout deux.

J'ai fait ce que j'ai pû jusqu'ici pour concilier avec lui-même le savant & éloquent Académicien, auteur aussi ingénieux qu'utile de l'histoire naturelle. J'ai voulu rapprocher ses idées pour en tirer de nouvelles instructions ; mais comment pourai-je accorder avec son fistême ce que je trouve au Tome XII. page 10 dans son discours intitulé : Première vue de la Nature? *La mer irritée*, dit-il, *s'élève vers le Ciel & vient en mugissant se briser contre des digues inébranlables, qu'avec tous ses efforts elle ne peut ni détruire ni surmonter. La terre élevée au dessus du niveau de la mer est à l'abri de ses irruptions. Sa surface émaillées de fleurs, parée d'une verdure toujours renouvellée, peuplée*

*de mille & mille espèces d'animaux différents,
est un lieu de repos, un séjour de délices, &c.*

Ce morceau dérobé à la poësie semble être
de Massillon ou de Fénelon qui se permirent
si souvent d'être poëtes en prose ; mais certainement si la mer irritée en s'élevant vers
le Ciel se brise en mugissant contre des digues inébranlables , si elle ne peut surmonter
ces digues avec tous ses efforts ; elle n'a donc
jamais quitté son lit pour s'emparer de nos
rivages , elle est bien loin de se mettre à la
place des Pirénées & des Alpes. C'est non-
seulement contredire ce sistême qu'on a eu
tant de peine à étayer par tant de suppositions ; mais c'est contredire une vérité reconnue de tout le monde ; & cette vérité , est
que la mer s'est retirée à plusieurs milles de
ses anciens rivages & qu'elle en a couvert d'autres , vérité dont on a étrangement abusé.

Quelque parti qu'on prenne , dans quelque supposition que l'esprit humain se perde ,
il est possible , il est vraisemblable , il est
même prouvé , que plusieurs parties de la terre
ont souffert de grandes révolutions. On prétend qu'une comète peut heurter nôtre globe
en son chemin : & Trissotin dans les fem-

mes savantes n'a peut-être pas tant tort de
dire.

> Je viens vous annoncer une grande nouvelle.
> Nous l'avons en dormant Madame échapé Belle.
> Un monde près de nous a passé tout du long ;
> Est chu tout au travers de nôtre tourbillon ;
> Et s'il eût en chemin rencontré nôtre terre,
> Elle eut été brisée en morceaux comme verre.

La théorie des comètes n'était pas encor
connue lorsque la Comédie des femmes savantes fut jouée à la Cour en 1672. Il est
très certain que le concours de ces deux globes qui roulent dans l'espace avec tant de
rapidité, aurait des suites effroyables, mais
d'une toute autre nature que l'acheminement
insensible de l'Océan à l'endroit où est aujourd'hui le mont St. Godard, ou son dé-
part de Brest, & de St. Malo pour se re-
tirer vers le pôle & vers le détroit de Hud-
son. Heureusement il se passera du temps
avant que nôtre Europe soit fracassée par une
comète, ou engloutie par l'Océan.

CHA-

CHAPITRE DOUZIEME.
DES PÉTRIFICATIONS
D'ANIMAUX MARINS.

Mais, disent les défenseurs de ce sistéme, *on a trouvé des pierres lenticulaires à Paffi & à Villers-Cotterets. Et Shaw raporte qu'en Phénicie il y a des coquilles & des madrepores fur le bord de la mer.* (*).

Eh bien, parce qu'il y a des pierres à Paffi, & des coquilles & du corail au bord de la mer de Sirie, les Alpes auront été le lit de l'Océan pendant des fiècles innombrables !

On voit des coquillages auprès de Maftricht. Cette ville n'eft pas bien loin de la mer. Je n'y ai pourtant point vû de coquillages de mer ; mais s'il y en a, quelle preuve en peut-on tirer ?

On trouve en France non feulement des coquilles fur nos côtes, mais encor des coquilles qu'on n'a jamais vues dans nos mers. Qu'on

C 4

(*) Théorie de la terre, Tom. Ier. pag. 283.

montre ces prétendues coquilles étrangères ;
& quand on les aura bien examinées, qu'on
juge s'il n'eſt pas très vraiſemblable qu'on les
ait raportées de mille voyages d'outre mer.

Il n'y en a pas une feule ſur la chaîne des
hautes montagnes depuis la Sierra Morena
juſqu'à la derniére cime de l'Apennin. J'en
ai fait chercher ſur le mont St. Godard, ſur
le St. Bernard, dans les montagnes de la
Tarentaiſe, on n'en a pas découvert.

Un feul Phiſicien m'a écrit qu'il a trouvé
une écaille d'huître pétrifiée vers le mont
Cenis. Je dois le croire, & je ſuis très éton‑
né qu'on n'y en ait pas vû des centaines. Les
lacs voiſins nouriſſent de groſſes moules dont
l'écaille reſſemble parfaitement aux huîtres ;
on les appelle même petites huîtres dans plus
d'un canton.

Eſt-ce d'ailleurs une idée tout-à-fait roma‑
neſque de faire réfléxion à la foule innombra‑
ble de pélerins qui partaient à pied de St.
Jaques en Galice, & de toutes les provin‑
ces pour aller à Rome par le mont Cenis
chargés de coquilles à leurs bonnets ? Il en
venait de Sirie, d'Egypte, de Grèce, com‑
me de Pologne & d'Autriche. Le nombre

des Romipetes a été mille fois plus considé-
rable que celui des Hagi qui ont visité la
Mecque & Médine, parce que les chemins
de Rome sont plus faciles, & qu'on n'était
pas forcé d'aller par caravanes. En un mot
une huître près du mont Cenis ne prouve
pas que l'Océan Indien ait envelopé toutes
les terres de nôtre hémisphère.

La chaîne des montagnes du continent
Américain n'est pas plus chargée d'huîtres
que la nôtre, & la réponse, *qu'on en trou-
vera un jour*, n'est pas une réponse bien sa-
tisfaisante.

*Mais il y a des fragments de coquillages à
Montmartre & à Courtagnon auprès de Rheims.*

Il y en a par-tout excepté sur les montagnes qui devraient en être remplies dans
le sistême de Maillet. Oui, sans doute,
on l'a dit, & il faut le redire, on rencontre quelquefois en fouillant la terre des pétrifications étrangères, comme on rencontre
dans l'Autriche des medailles frapées à Rome.
Mais pour une pétrification étrangère il y en
a mille de nos climats.

Quelqu'un a dit qu'il aimerait autant croire le marbre composé de plumes d'autruches

que de croire le porphire compofé de pointes d'ourfin. Ce quelqu'un là avait grande
raifon , fi je ne me trompe.

On découvrit , ou l'on crut découvrir il
y a quelques années , les offements d'un
Renne & d'un Hippopotame près d'Etam-
pes , & de là on conclut que le Nil & la
Laponie avaient été autrefois fur le chemin
de Paris à Orléans. Mais on aurait dû plutôt foupçonner qu'un curieux avait eu autrefois dans fon cabinet le fquelette d'un
Renne & celui d'un hippopotame. Cent
exemples pareils invitent à examiner long-
tems avant que de croire.

CHAPITRE TREIZIEME.

AMAS

DE COQUILLES.

Mille endroits font remplis de mille débris de teftacées , de cruftacées , de
pétrifications. Mais remarquons encor une
fois , que ce n'eft prefque jamais ni fur la
croupe , ni dans les flancs de cette conti-

nuité de montagnes dont la furface du globe eft traverfée ; c'eft à quelques lieues de ces grands corps, c'eft au milieu des terres, c'eft dans des cavernes, dans des lieux où il eft très vraifemblable qu'il y avait de petits lacs qui ont difparu, de petites rivières dont le cours eft changé, des ruiffeaux confidérables dont la fource eft tarie. Vous y voyez des débris de tortues, d'écrévices, de moules, de colimaçons, de petits cruftacées de rivière, de petites huîtres femblables à celles de Lorraine. Mais de véritables corps marins, c'eft ce que vous ne voyez jamais. S'il y en avait, pourquoi n'y aurait-on jamais vû d'os de chiens marins, de requins, de baleines ?

Vous prétendez que la mer a laiffé dans nos terres des marques d'un très long féjour. Le monument le plus sûr ferait affurément quelques amas de marfouins au milieu de l'Allemagne. Car vous en voyez des miliers fe jouer fur la furface de la mer Germanique dans un tems ferein. Quand vous les aurez découverts & que je les aurai vûs à Nuremberg & à Francfort, je vous croirai : mais en attendant permettez moi de

ranger la plupart de ces fupofitions avec celle du vaiffeau pétrifié trouvé dans le Canton
de Berne à cent pieds fous terre, tandis
qu'un de fes ancres était fur le mont St.
Bernard. J'ai vû quelquefois des débris de
moûles & de colimaçons qu'on prenait pour
des coquilles de mer.

Si on fongeait feulement que dans une
année pluvieufe il y a plus de limaçons dans
dix lieues de pays que d'hommes fur la terre,
on pourait fe difpenfer de chercher ailleurs
l'origine de ces fragments de coquillages
dont le bord du Rhône & ceux d'autres rivières font tapiffés dans l'efpace de plufieurs
milles. Il y a beaucoup de ces limaçons dont
le diamètre eft de plus d'un pouce. Leur
multitude détruit quelquefois les vignes &
les arbres fruitiers. Les fragments de leurs
coques endurcies font par-tout. Pourquoi
donc imaginer que des coquillages des Indes font venus s'amonceler dans nos climats
quand nous en avons chez nous par millions? Tous ces petits fragments de coquilles dont on fait tant de bruit pour accréditer
un fiftême, font pour la plûpart fi infor-
mes, fi ufés, fi méconnaïffables, qu'on pou-

rait également parier que ce font des débris
d'écrévices ou de crocodiles, ou des ongles
d'autres animaux. Si on trouve une coquille bien confervée dans le cabinet d'un curieux, on ne fait d'où elle vient; & je doute qu'elle puiffe fervir de fondement à un
fiftême de l'Univers.

Je ne nie pas, encor une fois, qu'on
ne rencontre à cent milles de la mer des
huîtres pétrifiées, des conques, des univalves,
des productions qui reffemblent parfaitement
aux productions marines; mais eft-on bien
fûr que le fol de la terre ne peut enfanter
ces foffiles? La formation des agathes arborifées ou herborifées, ne doit-elle pas nous
faire fufpendre nôtre jugement? Un arbre
n'a point produit l'agathe qui repréfente parfaitement un arbre; la mer peut auffi n'a-
voir point produit ces coquilles foffiles qui
reffemblent à des habitations de petits animaux marins. L'expérience fuivante en peut
rendre témoignage.

CHA-

CHAPITRE QUATORZIEME.

OBSERVATION TRÈS IMPORTANTE SUR LA FORMATION DES PIERRES ET DES COQUILLAGES.

Monsieur Le Royer de la Sauvagère, Ingénieur en Chef, & de l'Académie des Belles-Lettres de la Rochelle, Seigneur de la terre Deplaces en Touraine auprès de Chinon, attefte qu'auprès de fon Château une partie du fol s'eft métamorphofée deux fois en un lit de pierre tendre dans l'efpace de quatre-vingt ans. Il a été témoin lui-même de ce changement. Tous fes vaffaux, & tous fes voifins l'ont vû. Il a bâti avec cette pierre qui eft dévenue très dure étant employée. La petite carriére dont-on l'a tirée recommence a fe former de nouveau. Il y renaît des coquilles qui d'abord ne fe diftinguent qu'avec un microfcope, & qui croiffent avec la pierre. Ces coquilles font de différentes efpèces ; il y a des oftracites, des griphites qui ne fe trouvent dans aucune de nos mers ; des cames, des telines, des cœurs dont les germes fe dévelopent infenfiblement, & s'étendent jufqu'à fix lignes d'épaiffeur.

N'y a-t-il pas là dequoi étonner du moins ceux qui affirment que tous les coquillages qu'on rencontre dans quelques endroits de la terre y ont été dépofés par la mer ?

Si on ajoute à tout ce que nous avons déja dit, ce phénomène de la terre Deplaces, fi d'un autre côté on confidère que le fleuve de Gambie & la riviére de Biffao font remplis d'huîtres, que plufieurs lacs en ont fourni autrefois, & en ont encore, ne fera-t-on pas porté à fufpendre fon jugement ? nôtre fiècle commence à bien obferver ; il apartiendra aux fiècles fuivants de décider, mais probablement on fera un jour affez favant pour ne décider pas.

CHAPITRE QUINZIEME.

DE LA GROTTE
DES FÉES.

LEs grottes où se forment les stalactites & les stalagmites sont communes. Il y en a dans presque toutes les provinces. Celle du Chablais est peut-être la moins connue des phisiciens, & qui mérite le plus de l'être. Elle est située dans des rochers affreux au milieu d'une forêt d'épines à deux petites lieues de Ripaille dans la paroisse de Féterne. Ce sont trois grottes en voûte l'une sur l'autre taillées à pic par la nature dans un roc inabordable. On n'y peut monter que par une échelle, & il faut s'élancer ensuite dans ces cavités en se tenant à des branches d'arbres. Cet endroit est appellé par les gens du lieu *Les grottes des Fées.* Chacune a dans son fond un bassin dont l'eau passe pour avoir la même vertu que celle de Ste. Reine. L'eau qui distile dans la supérieure à travers le rocher y a formé dans la voute la

figure

figure d'une poule qui couve des pouſſins. Auprès de cette poule eſt une autre concrétion
qui reſſemble parfaitement à un morceau
de lard avec ſa couénne, de la longueur
de près de trois pieds.

Dans le baſſin de cette même grotte où l'on
ſe baigne on trouve des figures de pralines
telles qu'on les vend chez des confiſeurs,
& à côté la forme d'un rouet ou tour à fi-
ler avec la quenouille. Les femmes des environs prétendent avoir vû dans l'enfoncement
une femme pétrifiée au deſſous du rouet.
Mais les obſervateurs n'ont point vû en dernier lieu cette femme. Peut-être les concrétions
ſtalactites avaient deſſiné autrefois une figure
informe de femme ; & c'eſt ce qui fit nommer cette caverne la Grotte des Fées. Il fut
un tems qu'on n'oſait en aprocher ; mais depuis que la figure de la femme a diſparu, on
eſt devenu moins timide.

Maintenant, qu'un Philoſophe à ſiſtême
raiſonne ſur ce jeu de la nature, ne pourait-
il pas dire, voilà des pétrifications véritables !
Cette grotte était habitée ſans doute autrefois
par une femme, elle filait au rouet, ſon lard
était pendu au plancher, elle avait auprès d'el-

le fa poule avec fes pouffins, elle mangeait
des pralines, lorfqu'elle fut changée en rocher
elle & fes poulets, & fon lard, & fon rouet,
& fa quenouille, & fes pralines, comme
Edith femme de Loth fut changée en ftatue
de fel. L'antiquité fourmille de ces exemples.

Il ferait bien plus raifonnable de dire,
cette femme fut pétrifiée, que de dire, ces
petites coquilles viennent de la mer des Indes; cette écaille fut laiffée ici par la mer
il y a cinquante mille fiècles. Ces gloffopètres font des langues de Marfouins qui s'af-
femblèrent un jour fur cette colline pour n'y
laiffer que leurs goziers; ces pierres en fpi-
rale renfermaient autrefois le poiffon Nauti-
lus que perfonne n'a jamais vû.

'C H A-

CHAPITRE SEIZIEME.

DU FALLUN
DE TOURAINE.

ON regarde enfin le Fallun de Tourai-ne comme le monument le plus incon-testable de ce séjour de l'Océan sur nôtre con-tinent dans une multitude prodigieuse de siècles.

Certainement si à trente-six lieues de la mer il est d'immenses bancs de coquillages marins, s'ils sont posés à plat par couches réguliéres, il est démontré que ces bancs ont été le rivage de la mer, & il est d'ail-leurs très vraisemblable que des terrains bas & plats ont été tour à tour couverts & dé-gagés des eaux jusqu'à trente & quarante lieues; c'est l'opinion de toute l'antiquité. Une mémoire confuse s'en est conservée, & c'est ce qui a donné lieu à tant de fables:

Nil equidem durare diu sub imagine eadem
Crediderim. Sic ad ferrum veniflis ab auro
Secula. Sic toties verfa est fortuna locorum;

Vidi ego quod fuerat quondam solidissima tellus
Esse fretum. Vidi factas ex æquore terras :
Et procul a pelago conchæ jacuere marinæ :
*Et vetus inventa est in montibus anchora summis. (*).*
Quodque fuit campus, vallem decursus aquarum
Fecit : & eluvie mons est deductus in æquor :
Æque paludosa siccis humus aret arenis :
Quæque sitim tulerant, stagnata paludibus hument.

C'est ainsi que Pithagore s'explique dans Ovide. Voici une imitation de ces vers qui en donnera l'idée.

Le tems qui donne à tous le mouvement & l'être,
Produit, accroit, détruit, fait mourir, fait renaître,
Change tout dans les cieux, fur la terre & dans l'air;
L'age d'or à son tour fuivra l'age de fer.
Flore embellit des champs l'aridité fauvage.
La mer change fon lit, fon flux & fon rivage.
Le limon qui nous porte est né du fein des eaux:
Où croiffent les moiffons, voguèrent les vaiffeaux.
La main lente du temps aplanit les montagnes;
Il creufe les vallons, il étend les campagnes ;
Tandis que l'Eternel, le Souverain des temps
Demeure inébranlable en ces grands changements.

(*) Cela reffemble un peu à l'ancre de vaiffeau qu'on prétendait avoir trouvé fur le grand St. Bernard; auffi s'est - on bien gardé d'inferer cette chimère dans la traduction.

Mais,pourquoi cet Océan n'a-t'il formé aucune montagne fur tant de côtes plattes livrées à fes marées ? Et pourquoi s'il a dépofé des amas prodigieux de coquilles en Touraine , n'a-t-il pas laiffé les mêmes monuments dans les autres provinces à la même diftance ?

D'un côté je vois plufieurs lieues de rivages au niveau de la mer dans la baffe Normandie : Je traverfe la Picardie , la Flandre, la Hollande, la baffe Allemagne, la Poméranie , la Pruffe , la Pologne , la Ruffie , une grande partie de la Tartarie jufqu'au Thibet , fans qu'une feule haute montagne , faifant partie de la grande chaîne , fe préfente à mes yeux. Je puis franchir ainfi l'efpace de deux mille lieues dans un terrain affez uni , à quelques colines près. Si la mer répandue originairement fur nôtre continent avait fait les montagnes, comment n'en a-t-elle pas fait une feule dans cette vafte étendue ?

De l'autre côté ces bancs de coquilles à trente à quarante lieues de la mer , méritent le plus férieux examen. J'ai fait venir de cette province dont je fuis éloigné de cent cinquante lieues , une caiffe de ce faillun. Le

fond de cette minière est évidemment une
espèce de terre calcaire & marneuse, dans
laquelle une grande quantité de coquillages
se trouve mêlée. Les morceaux purs de cette
terre pierreuse sont salés au goût. Les labou‑
reurs l'emploient pour féconder leurs terres,
& il est très - vraisemblable que son sel les
fertilise. Si ce n'était qu'un amas de coquil‑
les, je ne vois pas qu'il pût fumer la terre.
J'aurais beau jetter dans mon champ toutes
les coques défléchées des limaçons & des
moules de ma province, ce serait comme si
j'avais semé sur des pierres. Un naturaliste
prétend que rien n'est meilleur pour fair
croître du bled qu'un cabinet de coquilles
au lieu de fumier. Il a plus de connaissance
de la phifique que moi ; mais j'ose dire que
je suis meilleur laboureur que lui ; & quoi‑
que je fois sûr de peu de choses, je puis affir‑
mer que je mourrais de faim, si je n'avais pour
vivre qu'un champ de vieilles coquilles cas‑
fées. (*) J'ajouterai même que si je voulais

(*) Tout ce que ces coquillages pouraient opérer
ce serait de diviser une terre trop compacte. On en
fait autant avec du gravier. Des coquilles fraiches &
pilées pouraient servir par leur huile. Mais des co‑
quillages défféchés ne font bons à rien.

railler comme lui, je pourais être auffi plai-
fant.

En un mot, il eft certain, de la plus grande certitude, que cette marne eft une efpèce de terre, & non pas uniquement un af-
femblage d'animaux marins qui feraient au
nombre de plus de cent mille milliars. Je ne
fais pourquoi l'académicien qui le premier
après Paliffi fit connaître cette fingularité de
la nature, à pu dire, *ce ne font que de petits fragments de coquilles très reconnaiffables
pour en être des fragments ; car ils ont leurs
cannelures très bien marquées, feulement ils
ont perdu leur luifant & leur vernis.*

J'ai été étonné de trouver dans la boîte
qu'on m'a envoyée, de petits univalves &
un coquillage qu'on nomme vis de mer, ou
piramide à cannelures, auffi frais, auffi bril-
lants, & d'un auffi beau vernis qu'on puiffe
en trouver fur le bord de la mer de nouvellement formés. Mais ce qui m'a le plus fur-
pris, c'eft d'y voir une coque de limaçon
qui paraît être de l'année paffée, & trois
dents qui reffemblent parfaitement à des dents
de brochet. Les curieux qui voudront les venir examiner en jugeront beaucoup mieux
que moi.   D 4

Si les petites coquilles mêlées dans ma boëte à la terre marneuse font réellement des coquilles de mer, il faut avouer qu'elles font dans cette fallunière depuis des tems reculés qui épouvantent l'imagination, & que c'eſt un des plus anciens monuments des révolutions de nôtre globe. Mais auſſi, comment une production enfouie quinze pieds en terre pendant tant de fiècles, peut-elle avoir l'air ſi nouveau? Comment y a-t-on troüvé la coquille d'un limaçon à côté des petites univalves marines? Ces univalves dont la dimention n'eſt pas le quart du petit doigt, paraiſſent n'avoir pas une datte plus ancienne que la coquille du limaçon qui était mêlée avec la terre. L'expérience de Mr. De La Sauvagère qui a vu des coquillages ſemblables ſe former dans une pierre tendre, & qui en rend témoignage avec ſes voiſins, ne doit-elle pas au moins nous inſpirer quelques doutes ſur l'origine de ce fallun?

Enfin, ſi ce fallun a été produit à la longue dans la mer, ce qui eſt très-vraiſemblable, elle eſt donc venue à près de quarante lieues dans un pays plat, & elle n'y a point formé de montagnes. Il n'eſt donc nullement proba-

ble que les montagnes ſoient des productions de l'Océan.

CHAPITRE DIX-SEPTIEME.
DE BERNARD
PALISSI.

AVant que Bernard Paliſſi eût prononcé
que cette mine de marne de trois lieues
d'étendue n'était préciſément qu'un amas de
coquilles, les agriculteurs étaient dans l'uſa-
ge de ſe ſervir de cet engrais & ne ſoup-
çonnaient pas que ce fuſſent uniquement
des coquilles qu'ils employaſſent. N'avaient-
ils pas des yeux ? Pourquoi ne crût - on pas
Paliſſi ſur ſa parole ? Ce Paliſſi d'ailleurs était
un peu viſionnaire. Il fit imprimer le livre
intitulé : *Le moyen de dévenir riche & la ma-
niére véritable par laquelle tous les hommes de
France pouront apprendre à multiplier & à augmenter leur tréſor & poſſeſſions, par Maître
Bernard Paliſſi inventeur des ruſtiques figulines
du Roi.* Il tint à Paris une école, où il fit
afficher qu'il rendrait l'argent à ceux qui lui

prouveraient la fauſſeté de ſes opinions. En un mot Paliſſi crut avoir trouvé la pierre philoſophale. Son grand œuvre décrédita ſes coquilles juſqu'au tems où elles furent remiſes en honneur par un Académicien célébre qui enrichit les découvertes des Swammerdam, des Leuvenhock, par l'ordre dans laquel il les plaça, & qui rendit de grands ſervices à la phyſique. L'expérience, comme on l'a déja dit, eſt trompeuſe ; il faut donc examiner encor ce fallun. Il eſt certain qu'il pique la langue par une légère âcreté, c'eſt un effet que des coquilles ne produiront pas. Il eſt indubitable que le fallun eſt une terre calcaire & marneuſe. Il eſt indubitable auſſi quelle renferme un nombre étonnant de coquilles à dix à quinze pieds de profondeur. D'où viennent-elles ? C'eſt là l'objet de la recherche, objet aſſurément digne de la curioſité de tous les hommes. Il reſtera toujours à ſavoir ſi de ce que la mer a couvert la Brétagne, la Normandie, la Touraine : on peut conclure qu'elle a formé les montagnes des deux hemiſphères. L'auteur eſtimable de l'hiſtoire naturelle auſſi profond dans ſes vues qu'attrayant par ſon ſtile, dit expreſſément :

Je prétends que les coquilles sont l'intermède que la nature employe pour former la plupart des pierres. Je prétends que les crayes, les marnes, & les pierres à chaux ne sont composées que de poussiére & de détrimens de coquilles.

On peut aller trop loin quelque habile physicien que l'on soit. J'avoue que j'ai examiné pendant douze ans de suite la pierre à chaux que j'ai employée, & que ni moi ni aucun des assistans n'y avons apperçu le moindre vestige de coquilles.

A-t-on donc besoin de toutes ces suppositions pour prouver les révolutions que nôtre globe a essuyées dans des temps prodigieusement reculés ? Quand la mer n'aurait abandonné & couvert tour à tour les terrains bas de ses rivages que le long de deux mille lieues sur quarante de large dans les terres, ce serait un changement sur la surface du globe de quatre-vingt mille lieues quarrées.

Les éruptions des volcans, les tremblemens, les affaissemens des terrains doivent avoir bouleversé une assez grande quantité de la surface du globe ; des lacs, des riviéres ont diparu, des villes ont été englouties ;

des îles se sont formées ; des terres ont été séparées : Les mers intérieures ont pu opérer des révolutions beaucoup plus considérables. N'en voilà-t-il pas assez ? Si l'imagination aime à se représenter ces grandes vicissitudes de la nature, elle doit être contente.

CHAPITRE DIX-HUITIEME.

DU SISTEME

DE MAILLET

QUI FAIT LES POISSONS

LES PREMIERS PERES

DES HOMMES.

Monsieur Maillet, dont nous avons déja parlé, crut s'appercevoir au grand Caire que nôtre continent n'avait été qu'une mer dans l'éternité passée : & de là il conclut que la race des hommes & des singes venait incontestablement des poissons marins. Les nageoires avec le tems dévinrent des bras ; la queue fourchue se changeant insensiblement en cuisses & en jambes.

Les anciens habitans des bords de l'Euphrate ne s'éloignaient pas beaucoup de cette idée, quand ils débitèrent que le fameux poiſſon Oannès ſortait tous les jours du fleuve pour les venir catéchiſer ſur le rivage. Dércéto qui eſt la même que Vénus, avait une queue de poiſſon. La Vénus d'Héſiode nâquit de l'écume de la mer.

C'eſt peut-être ſuivant cette coſmogonie qu'Homère dit que l'Océan eſt le père de toutes choſes ; mais par ce mot d'Océan , il n'entend, dit-on, que le Nil & non nôtre mer Océane qu'il ne connaiſſait pas.

Thalès apprit aux Grecs que l'eau eſt le premier principe de la nature. Ses raiſons ſont, que la ſemence de tous les animaux eſt aqueuſe, qu'il faut de l'humidité à toutes les plantes , & qu'enfin les étoiles ſont nourries des exhalaiſons humides de notre globe. Cette derniére raiſon eſt merveilleuſe : & il eſt plaiſant qu'on parle encor de Thalès & qu'on veuille ſavoir ce qu'Athénée & Plutarque en penſaient.

Cette nourriture des étoiles n'aurait pas réuſſi dans nôtre tems ; & malgré les ſermons du poiſſon Oannès, les argumens de Thalès, les imaginations de Maillet, il y a peu de gens aujourd'hui qui croyent defcendre d'un turbot ou d'une morue, malgré l'extrême paffion qu'on a depuis peu pour les généalogies. Pour étayer ce fiftéme il fallait abfolument que toutes les efpèces & tous les élémens fe changeaffent les uns en les autres. Les métamorphofes d'Ovide devenaient le meilleur livre de phyfique qu'on ait jamais écrit.

CHAPITRE DIX-NEUVIEME.

DES GERMES.

DEs Philofophes tâchèrent donc d'établir quelque fiftême qui bannit les germes par lefquels les générations des hommes, des animaux & des plantes s'étaient perpétuées jufqu'à nos jours. C'eft en vain que nos yeux voyent & que nos mains manient les femences que nous jettons en terre ; c'eft en vain que les animaux font tous évidemment produits par un germe. On s'eft plû à démentir la nature pour établir d'autres fiftêmes que le fien.

Celui des animaux fpermatiques ne fem-

blait point contredire la phyſique ; cependant
on s'en eſt dégouté comme d'une mode.
Il était très commun alors que tous les Philoſophes , excepté ceux de quatre-vingt ans,
dérobaſſent à l'union des deux ſexes la liqueur ſéminale productrice du genre humain ,
& que dans cette liqueur on vît à l'aide du
microſcope nager les petits vers qui devaient
dévenir hommes , comme on voit dans les
étangs gliſſer les tétarts deſtinés à être grenouilles.

Dans ce ſiſtême les mâles étaient les prin-
cipaux dépoſitaires de l'eſpèce : au lieu que
dans le ſiſtême des œufs qui avait prévalu
juſqu'alors , c'étaient les femelles qui conte-
naient en elles toutes les générations , & qui
étaient véritablement mères. Le mâle ne ſer-
vait qu'à féconder les œufs comme les coqs
fécondent les poules. Ce ſiſtême des œufs
avait un prodigieux avantage , celui de l'expérience journaliére & inconteſtable dans pluſieurs eſpèces. Cependant on a fini par douter de l'un & de l'autre ; mais ſoit que le
mâle contienne en lui l'animal qui doit naître ,
ſoit que la femelle le renferme dans ſon ovai-
re & que la liqueur du mâle ſerve à ſon

dévelopement, il eſt certain que dans les deux cas il y a un germe; & c'eſt ce germe que l'amour de la nouveauté, la fureur des ſiſtêmes & encor plus celle de l'amour propre entreprirent de détruire.

L'Auteur d'un petit livre intitulé *La Vénus physique* imagina que le tout ſe faiſait par attraction dans la matrice, que la jambe droite attirait à elle la jambe gauche, que l'humeur vitrée d'un œil, ſa rétine, ſa cornée, ſa conjonctive étaient attirées par de ſemblables parties de l'autre œil. Perſonne n'avait jamais corrompu à cet inconcevable excès l'attraction démontrée par Neuton dans des cas abſolument différens; une telle chimère était digne de l'idée de diſſéquer des têtes de géans pour connaître la nature de l'ame, & d'exalter cette ame pour prédire l'avenir. Cette folie ne ſervit pas peu à décréditer l'eſprit ſiſtématique qui eſt pourtant ſi néceſſaire au progrès des ſciences, quand il n'eſt que l'eſprit d'ordre & qu'il eſt reglé par la raiſon.

CHA-

CHAPITRE VINGTIEME.

DE LA PRÉTENDUE RACE D'ANGUILLES FORMÉES DE FARINE ET DE JUS DE MOUTON.

PRécisément dans le même tems un Jéfuite Irlandais nommé Néedham qui voyageait dans l'Europe en habit féculier, fit des expériences à l'aide de plufieurs microfcopes. Il crut appercevoir dans de la farine de bled ergoté mife au four & laiffée dans un vafe purgé d'air & bien bouché, il crut appercevoir, dis-je, des anguilles qui accouchaient bientôt d'autres anguilles. Il s'imagina voir le même phénomène dans du jus de mouton bouilli. Auffitôt plufieurs Philofophes s'éforcèrent de crier merveilles, & de dire il n'y a point de germe, tout fe fait, tout fe régénère par une force vive de la nature. C'eft l'attraction difait l'un; c'eft la matière organifée difait l'autre; ce font des molécules organiques vivantes qui ont trouvé leurs moules. De bons physiciens furent trompés par un Jésuite. C'est ainsi (comme nous l'avons dit ailleurs) qu'un Commis des Fermes en Basse - Bretagne , fit accroire à tous les beaux esprits de Paris qu'il était une jolie femme , laquelle faisait très bien des vers.

L'erreur accréditée jette .quelquefois de si profondes racines que bien des gens la soutiennent encor , lorsqu'elle est reconnue & tombée dans le mépris , comme quelques journaux historiques répètent de fausse nouvelles insérées dans les gazettes , lors même qu'elles ont été rétractées. Un nouvel Auteur d'une traduction élégante & exacte de Lucrèce , enrichie de notes savantes , s'éforce dans les notes du troisième livre , de combatre Lucrèce même à l'apui des malheureuses expériences de Néedham , si bien convaincues de fausseté par Mr. Spalanzani , & rejettées de quiconque a un peu étudié la nature. L'ancienne erreur que la corruption est mère de la génération allait ressusciter , il n'y avait plus de germe ; & ce que Lucrèce avec toute l'antiquité jugeait impossible allait s'accomplir.

Ex omnibus rebus
Omne genus nafci poffet , nil femine egeret.
Ex undis homines , ex terrâ poffet oriri
Squammiferum genus , & volucres ; erumpere Cœlo ,
Armenta & pecudes .... ferre omnes omnia poffent.

Le hazard incertain de tout alors difpofe.
L'animal eft fans germe , & l'effet eft fans caufe.
On verra les humains fortir du fond des mers,
Les troupeaux bondiffants tomber du haut des airs ;
Les poiffons dans les bois naiffant fur la verdure ;
Tout poura tout produire, il n'eft plus de nature.

Lucrèce avait affurément raifon en ce point de phyfique , quelque ignorant qu'il fut d'ailleurs. Et il eft démontré aujourd'hui aux yeux & à la raifon, qu'il n'eft ni de végétal , ni d'animal qui n'ait fon germe. On le trouve dans l'œuf d'une poule comme dans le gland d'un chêne. Une puiffance formatrice préfide à tous ces dévelopements d'un bout de l'Univers à l'autre.

Il faut bien reconnaître des germes puifqu'on les voit & qu'on les feme, & que le chêne eft en petit contenu dans le gland. On fait bien que ce n'eft pas un chêne de foixante pieds de haut qui eft dans ce fruit ; mais c'eft un embrion qui croîtra par le fecours de la terre & de l'eau , comme un enfant croit par une autre nourriture.

Nier l'exiftence de cet embrion parce qu'on ne conçoit pas comment il en contient d'autres à l'infini , c'eft nier l'exiftence de la matiére par ce qu'elle eft divifible à l'infini. Je ne le comprends pas, donc cela n'eft pas ! Ce raifonnement ne peut être admis contre les chofes que nous voyons & que nous touchons. Il eft excellent contre des fuppofitions ; mais non pas contre les faits.

Quelque fiftême qu'on fubftitue , il fera tout auffi inconcevable & il aura par deffus celui des germes le malheur d'être fondé fur un principe qu'on ne connaît pas , à la place d'un principe palpable dont tout le monde eft témoin. Tous les fiftêmes fur la caufe de la génération, de la végétation, de la nutrition, de la fenfibilité, de la penfée, font également inexplicables. Sommes-nous à jamais condamnés à nous ignorer ? Oui.

CHAPITRE VINGT-UNIEME.

D'UNE FEMME
QUI ACCOUCHE
D'UN LAPIN.

A Quoi ne porte point l'envie de se signaler par un sistême ! Cette doctrine des générations fortuites avait déja pris tant de crédit dès le commencement du siècle : que plusieurs personnes étaient persuadées qu'une sole pouvait engendrer une grenouille. Il ne faut pour cela, disait-on, que des parties organiques de grenouilles dans des moules de soles. Un chirurgien de Londres, assez fameux nommé St. André publiait cette doctrine de toutes ses forces en 1726 & il avait l'entousiasme des nouvelles sectes.

Une de ses voisines pauvre & hardie résolut de profiter de la doctrine du chirurgien. Elle lui fit confidence qu'elle était accouchée d'un lapreau, & que la honte l'avait forcée de se défaire de son enfant ; mais que la tendresse maternelle l'avait empêché de le manger.

E 3

St. André trouvant dans l'aveu de cette femme la confirmation de fon fiftême ne douta pas de cette avanture & en triompha avec les adhérans. Au bout de huit jours cette femme le fait prier de venir dans fon galetas, elle lui dit qu'elle reffent des tranchées comme fi elle était prête d'accoucher encore ; St. André l'affure que c'eft une fuperfétation. Il la délivre lui-même en préfence de deux témoins. Elle accouche d'un petit lapin qui était encor envie. St. André montre partout le fils de fa voifine. Les opinions fe partagent, quelques-uns crient miracle ; les partifans de St. André difent que fuivant les loix de la nature il eft étonnant que la chofe n'arrive pas plus fouvent. Les gens fenfés rient ; mais tous donnent de l'argent à la mère des lapins.

Elle trouva le métier fi bon qu'elle accoucha tous les huit jours. Enfin la juftice fe mêla des affaires de fa famille, on la tint enfermée, on la veilla, on furprit un petit lapreau qu'elle avait fait venir & qu'elle s'enfonçait dans un orifice qui n'était pas fait pour lui. Elle fut punie, St. André fe cacha. Les papiers publics s'égayèrent fur cette garenne comme ils se sont égayés depuis sur l'homme qui devait se mettre dans une bouteille de deux pintes & sur le public qui vint en foule à ce spectacle.

La saine physique détruit toutes ces impostures, ainsi qu'elle a chassé les possédés & les sorciers.

Il résulte de tout ce que nous avons vu qu'il faut se méfier des lapreaux de St. André, des anguilles de Néedham, des générations fortuites, de l'harmonie préétablie qui est très ingénieuse & des molécules organiques qui sont plus ingénieuses encore.

CHA-

CHAPIT. VINGT-DEUXIEME.

DES ANCIENNES
ERREURS
EN PHYSIQUE.

LEs erreurs de la fauffe phyfique font en bien plus grand nombre que les vérités découvertes. Prefque tout eft abfurde dans Lucrèce ; voyez feulement le quatriéme & le cinquiéme livre, vous y trouverez que des fimulacres émanent des corps pour venir frapper notre vuë & notre odorat.

Quàm primùm nofcas rerum fimulacra vagare &c.

Ergo multa brevi fpatio fimulacra genuntur.

Les voix s'engendrent mutuellement.

Ex aliis aliæ quoniam gignuntur.

Le Lion tremble & s'enfuit à la vue d'un coq.

Neque queunt rapidi contrà conflare leones.

Les animaux fe livrent au fommeil quand des trois parties de l'ame, une eft chaffée au déhors, une autre se retire dans l'intérieur, & une troisiéme éparse dans les membres ne peut se réunir.

. . . . *Ut pars inde animai*
Ejiciatur & introrsum pars abdita cedat,
Pars etiam dispersa per artus non queat esse
Conjuncta inter se, nec motu mutua fungi.

Le soleil & les autres feux s'abreuvent des eaux de la terre.

. . . . *Cum sol & vapor omnis*
Omnibus epotis humoribus exsuperarunt.

Le soleil & la lune ne sont pas plus grands qu'ils le paraissent.

Nec nimio solis major rota, nec minor ar-
dor &c.

. . . .]
Lunaque . . . nihilo fertur majore figurâ.

Nous n'avons la nuit que parce que le soleil a épuisé ses feux durant le jour.

. . . . *Efflavit languidus ignes*
Ou parce qu'il se cache sous la terre.

. . . *Quia sub terras cursum convertere*
cogit.

Il ne faut pas croire qu'on trouve plus de vérités dans les Géorgiques de Virgile ; ses obſervations ſur la nature ne ſont pas plus vrayes que ſa triſte apothéoſe d'Octave ſurnommé Auguſte, auquel il dit, qu'on ne ſait pas encore s'il voudra bien être Dieu de la terre, ou de la mer, & que le ſcorpion ſe retire pour lui laiſſer une place dans le Ciel. Ce ſcorpion aurait mieux fait de s'allonger pour percer de ſon aiguillon l'auteur des proſcriptions & l'aſſaſſin des citoyens de Pérouſe.

Il commence par dire que le lin & l'avoine brulent la terre.

Urit enim lini campum ſeges, urit avenæ.

Selon lui les peuples qui habitent les climats de l'ourſe ſont plongés dans une nuit éternelle, ou bien l'étoile du ſoir luit pour eux quand nous avons l'aurore.

Illic (ut perhibent) aut intempeſta ſilet nox.
Semper, & obtentâ denſantur noĉle tenebræ :
Aut redit à nobis aurora, diemque reducit.
Noſque ubi primus equis oriens afflavit anhelis,
Illic ſera rubens accendit lumina veſper.

On ſait aſſez que ce ſont nos antipodes de l'orient chez qui la nuit arrive quand le ſoleil commence à luire pour nous, & non pas les peuples du Nord qui peuvent être ſous le même méridien que nous.

N'entreprenez rien, dit-il, le cinquième jour de la lune: car c'eſt le jour que les Titans combattirent contre les Dieux.

Quintam fuge &c.

Le dix-ſeptiéme jour de la lune eſt très heureux pour planter la vigne & pour dompter les bœufs.

Septima poſt decimam felix &c.

Les étoiles tombent du ciel dans un grand vent.

Sæpe etiam ſtellas vento impendente videbis præcipites cœlo labi.

Les cavales ſont fécondées par le zéphir, leur matrice diſtile le poiſon de l'hyppomanes.

Tous les fleuves ſortent du ſein de la terre & enfin les Georgiques finiſſent par faire naître des abeilles du cuir d'un taureau.

Quiconque en un mot croirait connaître la nature en liſant Lucréce & Virgile, meublerait ſa tête d'autant d'erreurs qu'il y en a dans les ſecrets du petit Albert, ou dans les anciens almanachs de Liége. D'où vient donc que ces poëmes ſont ſi eſtimés ? Pourquoi ſont-ils lûs avec tant d'avidité par tout ceux qui favent bien la langue latine ? C'eſt à cauſe de leurs belles deſcriptions, de leurs faine morale, de leurs tableaux admirables de la vie humaine. Le charme de la poëſie fait pardonner toutes les erreurs, & l'eſprit pénétré de la beauté du ſtile ne ſonge pas feulement ſi on le trompe.

CHAPIT. VINGT-TROISIEME.
D'UN HOMME
QUI
FAISAIT DU SALPETRE.

IL faudrait avoir toujours devant les yeux ce proverbe Espagnol : *De las cofas mas feguras, la mas fegura es dudar.* Quand on a fait une expérience le meilleur parti eft de douter longtemps de ce qu'on a vu & de ce qu'on a fait.

En 1753 un Chymifte allemand d'une petite province voifine de l'Alzace crut avec apparence de raifon avoir trouvé le fecret de faire aifément du falpêtre avec lequel on compoferait la poudre à canon à vingt fois meilleur marché & beaucoup plus promptement. Il fit en effet de cette poudre, il en donna au Prince fon Souverain qui en fit ufage à la chaffe. Elle fut jugée plus fine & plus agiffante que toute autre. Le Prince dans un voyage à Verfaille donna de la même poudre au Roi, qui l'éprouva fouvent & en fût toujours également fatisfait. Le Chymifte était fi fûr de fon fecret qu'il ne voulut pas le donner à moins de dix-fept cent mille francs payés comptant & le quart du profit pendant vingt années. Le marché fut figné, le chef de la compagnie des poudres, depuis garde du tréfor royal vint en Alzace de la part du Roi accompagné d'un des plus favans chymiftes de France. L'Allemand opéra devant eux auprès de Colmar, & il opéra à fes propres dépens. C'était une nouvelle preuve de fa bonne foi. Je ne vis point les travaux ; mais le garde du tréfor royal étant venu chez moi avec fon chymifte, je lui dis que s'il ne payait les dix-fept cent mille livres qu'après avoir fait du falpêtre il garderait toujours fon argent. Le chymifte m'affura que le falpêtre fe ferait. Je lui répétai que je ne le croyais pas. Il me demanda pourquoi. C'eft que les hommes ne font rien, lui dis-je. Ils uniffent & ils défuniffent ; mais il n'appartient qu'à la nature de faire.

L'Allemand travailla trois mois entiers au bout defquels il avoua fon impuiffance. Je ne peux changer la terre en falpêtre, dit-il, je m'en retourne chez moi changer du cuivre

en or ; il partit, & fit de l'or comme il avait
fait du falpêtre.

Quelle fauffe expérience avait trompé ce
pauvre Allemand, & le Duc fon maître,
& les gardes du tréfor royal & le chymifte
de Paris, & le Roi? La voici.

Le tranfmutateur Allemand avait vu un
morceau de terre imprégnée de falpêtre & il
en avait tiré d'excellent avec lequel il avait
compofé la meilleure poudre à tirer ; mais
il ne s'apperçut pas que ce petit terrain était
mêlé des débris d'anciennes caves, d'anciennes écuries & des reftes du mortier des
murs. Il ne confidéra que la terre & il crut
qu'il fuffifait de cuire une terre pareille pour
faire le falpêtre le meilleur.

C H A.

CHAP. VINGT-QUATRIEME.

D'UN BATEAU

DU

MARECHAL DE SAXE.

LE Maréchal de Saxe avait fans douté l'efprit de combinaifon, de pénétration de vigilance qui forme un grand Capitaine. Cependant en 1729 il imagina de conftruire une galère fans rame & fans voile qui remonterait la rivière de feine de Rouen à Paris en vingt - quatre heures dans l'efpace de quatre-vingt dix lieues : car il n'y en a pas moins par les finuofités de la riviére. On a conftruit de pareilles machines dans lefquelles on peut fe promener fur une eau dormante au moyen de deux roues à larges aubes auxquelles une manivelle donne le mouvement. Il ne faifait pas réflexion que fon batteau ne pourait réfifter au courant de l'eau , que ce que l'on gagne en temps on le perd en force, & au contraire. Il eut pourtant des certificats de deux membres de l'Académie des Sciences,

&

& il obtint un privilège exclufif pour fa machine. Il l'effaya, on croira bien qu'il ne réuffit pas. Mademoifelle le Couvreur difait alors comme Géronte : *Que diable allait-il faire dans cette galère?* Cetté tentative lui couta dix mille écus ; il n'était pas riche alors. Il répara bien depuis fur terre fon erreur fur la rivière de Seine. Il fut ménager plus à propos la force & le temps en faifant les plus favantes manœuvres de guerre.

Ces mécomptes en fait d'hydraulique & de forces mouvantes arrivent tous les jours à plus d'un artifte.

CHAP. VINGT-CINQUIEME.

DES MÉPRISES
EN
MATHEMATIQUES.

CE fut le fcandale de la géométrie lorfque vers le commencement de ce fiècle les mathématiciens français & allemands difputèrent fur la force des corps en mouvement. Les difciples de Leibnitz prétendaient que cette force était en raison compofée de la viteffe & de la pefanteur des corps. Les français au contraire ne mefuraient cette force que par la viteffe multipliée par la maffe. Mr. de Mairan expofa le mal-entendu avec beaucoup de clarté. La victoire demeura à l'ancienne philofophie; & il eft à remarquer que jamais aucun géomètre anglais ne voulut entendre parler de la nouvelle mefure introduite en Allemagne par Leibnitz.

L'académie des fciences de Paris fut trompée quelque temps fur une matiére plus importante: Voici le fait tel qu'il eft rapporté dans les *Elémens de Neuton*, page 238.

» *Louis XIV.* avait fignalé fon Règne par
» cette Méridienne, qui traverfe la France;
» l'illuftre *Dominique Caffini* l'avait commencée
» avec Monfieur fon fils; il avait en 1701. ti-
» ré du pied des Pyrénées à l'Obfervatoire
» une ligne auffi droite qu'on le pouvait, à
» travers les obftacles prefque infurmonta-
» bles que les hauteurs des montagnes, les
» changemens de la réfraction dans l'air, &
» les altérations des inftrumens oppofaient
» fans ceffe à cette vafte & délicate entrepri-
» fe; il avait donc en 1701. mefuré fix de-

» grés dix-huit minutes de cette Méridienne.
» Mais de quelque endroit que vint l'erreur,
» il avait trouvé les degrés vers Paris, c'eſt-à-
» dire, vers le Nord, plus petits que ceux
» qui allaient aux Pyrénées vers le Midi;
» cette meſure démentait & celle de *Nor-*
» *vood* & la nouvelle théorie de la Terre
» applatie aux Poles. Cependant cette nou-
» velle théorie commençait à être tellement
» reçue, que le Sécrétaire de l'Académie
» n'héſita point dans ſon Hiſtoire de 1701
» a dire que les meſures nouvelles priſes en
» France prouvaient *que la Terre eſt un*
» *ſphéroïde dont les poles ſont applatis.* Les
» meſures de *Dominique - Caſſini* entrainaient
» à la vérité une concluſion touté contraire;
» maïs comme la figure de la Terre ne fai-
» ſait pas encor en France une queſtion,
» perſonne ne releva pour lors cette conclu-
» ſion fauſſe. Les degrés du Méridien de
» Collioure à Paris paſſérent pour exacte-
» ment meſurés; & le Pole, qui par ces
» meſures devait néceſſairement être allongé,
» paſſa pour applati.
Un Ingénieur nommé Mr. *des Roubais,*
» étonné de la concluſion, démontra que

» par les mesures prises en France, la Ter-
» re devait être un sphéroïde oblong, dont
» le Méridien qui va d'un Pole à l'autre,
» est plus long que l'Equateur, & dont les
» Poles sont allongés (*). Mais de tous
» les Physiciens à qui il adressa sa disserta-
» tion, aucun ne voulut la faire imprimer :
» parce qu'il semblait que l'Académie eût
» prononcé, & qu'il paraissait trop hardi
» à un particulier de réclamer. Quelque tems
» après, l'erreur de 1701 fut reconnue ; on
» se dédit, & la Terre fut allongée, par
» une juste conclusion tirée d'un faux princi-
» pe. » Enfin l'erreur fut entiérement corrigée.

Une societé savante revient bientôt à la vérité. Tout le monde convient aujourd'hui que la planète de la terre est un sphéroïde inégal, un peu applati vers les pôles ; & cela est plus démontré par la théorie d'Hugens & de Neuton que par toutes les mesures qu'on pourait prendre, mesures trop sujet-tes à des erreurs inévitables.

Aussi les Anglais qui aiment tant à voya-ger n'ont-ils jamais fait aucun voyage pour vé.

F 3

____

(*) Son mémoire est dans le Journal litteraire.

rifier d'une manière toujours un peu incertaine ce qui leur paraissait démontré par les loix de la nature.

CHAPITRE VINGT-SIXIEME.
VÉRITÉS
CONDAMNÉES.

Voilà bien des méprises dans lesquelles les plus grands hommes & les corps les plus savans sont tombés, parce que les meilleurs génies & les plus estimables tiennent toujours quelque chose de la fragilité humaine.

On pourait ajouter à cette liste les sentences portées contre Galilée. Deux congrégations de Cardinaux le condamnèrent pour avoir soutenu le mouvement de la terre autour du soleil, mouvement qui était presque déjà démontré en rigueur. Il fut forcé de demander pardon à genoux, & d'avouer qu'il avait annoncé une doctrine *absurde*. Les Cardinaux lui remontrèrent d'après tous leurs Théologiens que Josué avait arrêté le soleil sur le chemin de Gabaon. Galilée n'avait qu'à leur répondre que c'était auſſi depuis ce tems là que le ſoleil était immobile. Mais enfin il fut condamné à la honte de la raiſon ; & comme on l'a déjà dit , ce jugement aurait couvert l'Italie d'un opprobre éternel , ſi Galilée ne l'avait couverte de gloire par ſa philoſophie même que l'on proſcrivait.

On ſait aſſez qu'il y a un corps conſidérable qui proſcrivit les idées innées de Deſcartes , & qui enſuite a condamné ceux qui combattaient les idées innées. Cela prouve aſſez que les Théologiens ne doivent point ſe mêler de philoſophie. Il y a l'infini entre ces deux Sciences.

On a prononcé dans plus d'un pays des jugements encor plus étranges ſur des points de phyſique qui ne ſont nullement du reſſort de Cujas & de Barthole. On ſait a quel point le ſavant Ramus fut perſécuté pour n'avoir pas été de l'avis d'Ariſtote qui n'était entendu ni de ſes adverſaires ni de ſes juges. Et enfin il lui en couta la vie à la journée de la St. Barthelemi.

Les médecins qui tenaient pour les anciens , intentèrent un procès à ceux qui démontraient la circulation. Les maîtres d'erreur ont toujours eu recours à l'autorité quand il s'agiffait de raifon. Les exemples de ceux qui ont été condamnés pour avoir inftruit le genre humain font prefque auffi nombreux en phyfique qu'en morale.

CHAPIT. VINGT-SEPTIEME.

DIGRESSION.

S I tant d'erreurs phyfiques ont aveuglé des nations entières, fi on a ignoré pendant tant de fiècles la direction de l'aimant, la circulation du fang, la pefanteur de l'atmof-phère, quelles prodigieufes erreurs les hommes ont-ils dû commettre dans le gouvernement? Quand il s'agit d'une loi phyfique on l'examine du moins aujourd'hui avec quelque impartialité, & ce n'eft pas en recherchant les principes de la nature que la fureur des paffions & la néceffité preffante de fe déterminer aveuglent l'efprit; mais en fait de gouvernement on n'a été fouvent conduit que par les paffions, les préjugés & le

F 4

besoin du moment. Ce sont là les trois causes de la mauvaise administration qui a fait
le malheur de tant de peuples.

C'est ce qui a produit tant de guerres
entreprises par témérité, soutenues sans con-
duite, terminées par le malheur & par la
honte. C'est ce qui a donné cours à tant de
loix pires que la disette de toute loi, c'est
ce qui a ruiné tant de familles par une juris-
prudence inventée dans des tems d'ignorance,
& consacrée par l'usage. C'est ce qui a fait
des finances publiques un jeu de hazard dan-
gereux.

C'est ce qui a introduit dans le culte de
la Divinité tant d'énormes abus, tant de
fureurs plus abominables peut être que la
sauvage ignorance de tout culte. L'erreur
dans tous ces points capitaux se consacra de
père en fils, de livre en livre, de chaire
en chaire, & rendit quelquefois les hommes
plus malheureux que s'ils se disputaient encor
du gland dans les forêts.

Il est très aisé de réformer la physique quand
le vrai est enfin découvert. Peu d'années suf-
fisent pour faire tourner la terre autour du
soleil malgré les décrets de Rome, pour

établir les loix de la gravitation en dépit des univerſités, & pour aſſigner les routes de la lumière. Les légiſlateurs de la nature ſont bientôt obéis & reſpectés d'un bout du monde à l'autre: mais il n'en eſt pas de même dans la légiſlation politique. Elle a été & elle eſt encor un cahos preſque par-tout; les hommes ſe ſont conduits à l'avanture dans tout ce qui regarde leur vie, leurs biens, & tout leur être préſent & à venir.

CHAPIT. VINGT-HUITIEME.
DES ÉLÉMENS.

Y A-t'il des élémens? Les trois, imaginés par Deſcartes que j'ai vu dans mon enfance enſeignés par la plûpart des écoles, étaient infiniment au deſſous des contes des mille & une nuits; car aucun de ces contes ne répugne aux loix de la nature, & ſont d'ailleurs très agréables. Les cinq principes des chimiſtes étaient ſi peu reconnus qu'ils les réduiſirent eux-mêmes à trois, puis à deux. Ils revinrent enſuite au feu, à l'eau, & à la terre.

Il a bien fallu enfin admettre l'air. Ainsi les quatre élémens d'Aristote font rentrés dans tout leur honneur. Mais ces élémens, de quoi font-ils faits eux-mêmes ? S'ils font compofés de parties, ils ne font pas élémens. L'air, le feu, l'eau & la terre fe changent-ils les uns dans les autres ? fubiffent-ils des métamorphofes ? Qu'eft-ce à la rigueur qu'une métamorphofe ? C'eft un être changé en un autre être ; c'eft au fond l'anéantiffement du premier & la création du fecond. Pour que l'eau devienne abfolument terre, il faut que cette eau périffe & que la terre fe forme. Car fi l'eau contenait en elle même les principes de terre dans laquelle elle s'eft changée, ce n'eft plus une tranfmutation ; c'eft l'eau qui contenait en elle un peu de terre, & qui s'étant évaporée, a laiffé cette terre à découvert.

Le célèbre Robert Boyle s'y trompa & entraina Newton dans fa méprife. Ayant long-temps tenu de l'eau dans une cornue à un feu égal, le chimifte qui opérait avec lui, crut que l'eau s'était au bout de quelques mois changée en terre ; le fait était faux ; mais Neuton le croyant vrai, fuppofa que les quatre élémens pouvaient ſe changer les uns dans les autres. Boerhaave ſit voir depuis quelle avait été la mépriſe de Boyle. Cette erreur avait conduit Neuton à un ſiſtême qui parait faux. Si des grands hommes tels que Boyle & Neuton ſe ſont trompés, quel homme pourra ſe flater d'être à l'abri de l'erreur? Et quelle extrême défiance ne doit on pas avoir des opinions reçues & de ſes idées propres ?

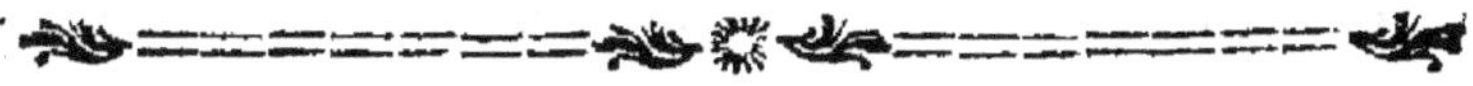

CHAPIT. VINGT-NEUVIEME.

DE LA TERRE.

QU'eſt-ce que de la terre? Son eſſence eſt-elle d'être de l'argile, de la bouë ? Non ſans doute, puiſque de la marne , de la craye , de la glaiſe , du ſable , du plâtre , de la pierre calcaire, ſont appellés terre. Auſſi Becker diſtinguait entre terre vitrifiable , inflammable , & mercuriale. La terre eſt-elle un aſſemblage de tout ce que contient notre globe ? Y entre-t-il de l'eau , du feu & de l'air? En ce cas comment peut-on l'appeller un élément ?

On a longtemps imaginé qu'il y avait une terre premiére, une terre vierge qui n'eſt rien de ce que nous voyons ; & qui eſt capable de recevoir tout ce que nôtre globe renferme ; mais cette terre eſt apparemment dans le paradis terreſtre dont perſonne ne peut plus approcher. Nous ne connaiſſons plus que différentes ſortes de ſubſtances terreuſes, ſans que nous puiſſions dire d'aucune : Voilà le principe des autres, voilà la matrice dans laquelle tout ſe forme, & le tombeau dans lequel tout rentre.

CHAPITRE TRENTIEME.

DE L'EAU.

QU'eſt-ce que l'eau ? Eſt-elle fluide ou ſolide de ſa nature ? Ne faut-il pas pour qu'elle coule qu'un feu ſecret en déſuniſſe les parties ? Otez une grande quantité de ce feu, elle devient glace. Or qu'eſt-ce qu'un élément qui a beſoin d'un autre élément pour exiſter ?

L'eau de la mer eſt-elle de même nature

que nos eaux de fontaines & de rivières ?
Y a-t-il dans l'océan & dans la méditerranée
de grands bancs de fel & des mines de bitume qui donnent à leurs eaux un goût différent de celui de nôtre eau ordinaire quand
nous l'avons chargée de fel marin ? perfonne
n'a jamais vû ces prétenduës mines de fel,
perfonne n'a jamais extrait du bitume de l'eau
de la mer.

Pourquoi l'eau eft - elle incompréhenfible ?
pourquoi n'a-t'elle aucun reffort ? & qu'eft-ce
que le reffort ? Pourquoi de l'eau enfermée
dans un globe d'or s'échapera-t'elle à travers
les pores de l'or quand on frappera fur ce globe avec un marteau , quoique l'or foit près
de vingt fois plus denfe que l'eau ? Et pourquoi ne peut - elle paffer à travers des pores
du verre , tout diaphane qu'eft ce verre ?
Comment l'eau en vapeurs fait - elle un effet
deux fois plus confidérable que celui de la
poudre à canon ? on ferait bien embaráffé
de répondre. On ne fait pas encor même
précifément pourquoi l'eau éteint le feu.

CHA-

CHAPIT. TRENTE-UNIÈME.

DE L'AIR.

QUelques philosophes ont nié qu'il y eut de l'air. Ils disent qu'il est inutile d'admettre un être qu'on ne voit jamais & dont tous les effets s'expliquent si aisément par les vapeurs qui sortent du sein de la terre. Neuton a démontré que le corps le plus dur a moins de matière que de pores. Des exhalaisons continuelles s'échapent en foule de toutes les parties de notre globe. Un cheval jeune & vigoureux ramené tout en sueur dans son écurie en temps d'hiver est entouré d'un atmosphère mille fois moins considerable que notre globe ne l'est de la matière de sa propre transpiration.

Cette transpiration, ces exhalaisons, ces vapeurs innombrables s'échapent sans cesse par des pores innombrables; & ont elles-mêmes des pores. C'est ce mouvement continu en tout sens, qui forme & qui detruit sans cesse végétaux, minéraux, métaux, animaux. C'est ce qui a fait penser à plufieurs que le mouvement eft effentiel à la matière ; puifqu'il n'y a pas une particule dans laquelle il n'y ait un mouvement con-tinu. Et fi la puiffance formatrice éternelle qui préfide à tous les globes, eft l'auteur de tout mouvement, elle a voulu du moins que ce mouvement ne périt jamais. Or ce qui eft toujours indeftructible a pu pa-raître effentiel, comme l'étendue & la folidi-té ont paru effentielles. Si cette idée eft une erreur elle eft pardonnable, car il n'y a que l'erreur malicieufe & de mauvaife. foi qui ne mérite pas d'indulgence.

Mais qu'on regarde le mouvement comme effentiel ou non, il eft indubitable que les exhalaifons de notre globe s'élèvent & re-tombent fans aucun relâche à un mille, à deux milles, à trois milles au deffus de nos têtes. Du mont Atlas à l'extrêmité du Taurus, tout homme peut voir tous les jours les nua-ges fe former fous fes pieds. Il eft arrivé mille fois à des voyageurs d'être au deffus de l'arc-en-ciel, des éclairs & du ton-nerre.

Le feu répandu dans l'intérieur du globe, ce feu, qui caché dans l'eau & dans la

glace même, est probablement la source
impérissable de ces exhalaisons, de ces vapeurs, dont nous sommes continuellement
environnés. Elles forment un ciel bleu dans
un tems serain quand elles sont assez hautes
& assez attenuées pour ne nous envoyer
que des rayons bleus ; comme les feuilles de
l'or amincies, exposées aux rayons du soleil
dans la chambre obscure. Ces vapeurs im-
prégnées de soufre forment les tonnerres &
les éclairs. Comprimées & ensuite dilatées
par cette compression dans les entrailles de
la terre, elles s'échapent en volcans, forment & détruisent de petites montagnes,
renversent des villes, ébranlent quelquefois
une grande partie du globe.

Cette mer de vapeurs dans laquelle nous
nageons, qui nous menace sans cesse, &
sans laquelle nous ne pourions vivre, com-
prime de tous côtés notre globe & ses habitans avec la même force que si nous avions
sur nôtre tête un Océan de trente-deux pieds
de hauteur : & chaque homme en porte
environ quarante mille livres.

Tout ceci posé, les Philosophes qui nient
l'air, disent pourquoi attribuerons-nous à un
élément

élément inconnu & invifible, des effets que l'on voit continuellement produits par ces exhalaifons vifibles & palpables ?

Je vois au coucher du foleil s'élèver du pied des montagnes, & du fond des prairies, un nuage blanc qui couvre toute l'étendue du terrain, autant que ma vue peut porter. Ce nuage s'épaiffit peu à peu, cache infenfiblement les montagnes, & s'élève au deffus d'elles. Comment, fi l'air exiftait, cet air dont chaque colonne équivaut à trente-deux pieds d'eau, ne ferait-ii pas rentrer ce nuage dans le fein de la terre dont il eft forti ? Chaque pied cube de ce nuage eft preffé par trente-deux pieds cubes, donc, il ne pourait jamais fortir de terre que par un effort prodigieux, & beaucoup plus grand que celui des vents qui foulèvent les mers. Puifque ces mers ne montent jamais à la trentiéme partie de la hauteur de ces nuages dans la plus grande effervefcence des tempêtes.

L'air eft élaftique, nous dit-on : mais les vapeurs de l'eau feule le font fouvent bien d'avantage. Ce que vous appellez l'élément de l'air preffé dans une canne à vent, ne porte une balle qu'à une très petite diftan-

ce ; mais dans la pompe à feu des bâtiments
d'Yorck à Londres , les vapeurs font un effet cent fois plus violent.

On ne dit rien de l'air , continuent - ils ,
qu'on ne puiſſe dire de même des vapeurs
du globe ; elles pèſent comme lui , s'inſi-
nuent comme lui , allument le feu par leur
foufle , ſe dilatent , ſe condenſent de même.

Ce ſiſtême ſemble avoir un grand avantage ſur celui de l'air , en ce qu'il rend parfaitement raiſon de ce que l'atmoſphère ne
s'étend qu'environ à trois ou quatre mille
tout au plus ; au lieu que ſi on admet l'air ,
on ne trouve nulle raiſon pour laquelle il
ne s'étendrait pas beaucoup plus loin , &
n'embraſſerait pas l'orbite de la lune.

La plus grande objection que l'on faſſe
contre les ſiſtèmes des exhalaiſons du globe,
eſt , qu'elles perdent leur élaſticité dans la
pompe à feu quand elles ſont refroidies , au
lieu que l'air eſt , dit - on , toujours élaſti-
que ; mais premièrement il n'eſt pas vrai que
l'élaſticité de l'air agiſſe toujours ; ſon élaſticité eſt nulle quand on le ſuppoſe en équilibre , & ſans cela il n'y a point de végétaux
& d'animaux qui ne crevaiſſent & n'éclataſ-

sent en cent morceaux , si cet air qu'on suppose être dans eux, conservait son élasticit.
Les vapeurs n'agissent point quand elles sont
en équilibre ; c'est leur dilatation qui fait leurs
grands effets. En un mot, tout ce qu'on
attribue à l'air semble appartenir sensiblement
selon ces philosophes aux exhalaisons de nôtre
globe.

Si on leur objecte que l'air est quelquefois pestilenciel, c'est bien plutôt des exhalaisons qu'on doit le dire. Elles portent avec
elles des parties de soufre , de vitriol, d'ar-
senic & de toutes les plantes nuisibles. On
dit : l'air est pur dans ce Canton , cela signi-
fie : ce Canton n'est point marécageux ; il
n'a ni plantes ni miniéres pernicieuses dont
les parties s'exhalent continuellement dans les
corps des animaux. Ce n'est point l'élément
prétendu de l'air qui rend la campagne de
Rome si mal saine, ce sont les eaux croupis-
santes, ce sont les anciens canaux qui creu-
sés sous terre de tous côtés sont devenus le
receptacle de toutes les bêtes vénimeuses. C'est
de là que s'exhale continuellement un poison
mortel. Allez à Frescati , ce n'est plus le
même terrain , ce ne sont plus les mêmes

exhalaifons. Mais pourquoi l'élément fuppofé de l'air changerait-il de nature à Frefcati ? Il fe chargera, dit-on, dans la campagne de Rome de ces exhalaifons funeftes, & n'en trouvant pas.à Frefcati il deviendra plus falutaire. Mais encore une fois, puifque ces exhalaifons exiftent, puifqu'on les voit vifiblement s'élever le foir en nuages, quelle néceffité de les attribuer à une autre caufe ? Elles montent dans l'atmofphère, elles s'y diffipent, elles changent de forme, le vent dont elles font la première caufe, les emporte, les fépare ; elles s'attenuent, elles deviennent falutaires, de mortelles qu'elles étaient.

Une autre objection, c'eft que ces vapeurs, ces exhalaifons renfermées dans un vafe de verre s'attachent aux parois & tombent, ce qui n'arrive jamais à l'air. Mais qui vous a dit que fi les exhalaifons humides tombent au fond de ce criftal, il n'y a pas incomparablement plus de vapeurs féches & élaftiques qui fe foutiennent dans l'intérieur de ce vafe ? L'air, dites-vous, eft purifié après une pluye. Mais nous fommes en droit de vous foutenir que ce font les exhalaifons terreftres qui fe font purifiées, que les plus groffières.

des plus aqueuses rendues à la terre, laiffent les plus féches & les plus fines au deffus de nos têtes, & que c'eft cette afcenfion & cette defcente alternative qui entretient le jeu continuel de la nature.

Voilà une partie des raifons qu'on peut alléguer en faveur de l'opinion que l'élément de l'air n'exifte pas. Il y en a de très fpécieufes & qui peuvent au moins faire naître des doutes ; mais ces doutes céderont toujours à l'opinion commune qui paraît établie fur des principes fupérieurs à ceux qui n'admettent au lieu d'air que les exhalaifons du globe.

CHA-

CHAP. TRENTE-DEUXIEME.

DU FEU ELEMENTAIRE

ET DE

LA LUMIERE.

ON trouve dans les éléments de la philofophie de Neuton donnée en 1738, ces paroles: » Neuton pour avoir anatomifé , » la lumière , n'en a pas découvert la nature » intime. Il favait bien qu'il y a dans le feu » élémentaire des proprietés qui ne font point » dans les autres éléments.

» Il parcourt cent trente millions de lieues » en moins d'un quart d'heure *de Jupiter à* » *notre globe* ; Il ne parait pas tendre vers » un centre comme les corps; mais il fe ré- » pand uniformément & également en tout » fens , au contraire des autres éléments. Son » attraction vers les objets qu'il touche & » fur la furface defquels ils réjaillit , n'a nul- » le proportion avec la gravitation univer- » felle de la matière.

» Il n'eſt pas même prouvé que les rayons
» du feu élémentaire ne ſe pénétrent pas en
» quelque ſorte les uns les autres ; ſi on oſe
» le dire. C'eſt pourquoi Neuton , frappé de
» toutes ces ſingularités , ſemble toujours dou-
» ter ſi la lumière eſt un corps. Pour moi ,
» ſi j'oſe hazarder mes doutes , j'avoue que
» je ne crois pas impoſſible , que le feu élé-
» mentaire ſoit un être à part , qui anime la
» nature , & qui tient le milieu entre les
» corps & quelque autre être que nous ne
» connaiſſons pas ; de même que certaines
» plantes ſervent de paſſage du régne végé-
» tal au régne animal. «

Voici les queſtions qu'on peut faire ſur le
feu élémentaire & les rayons de la lumière ,
dont Neuton dit ſi ſouvent , *Corpora ſint
nec ne.*

Ce feu eſt - il abſolument une matière comme les autres élémens l'eau , la terre , & ce
qu'on diſtingue par le terme d'air ou *d'œ-
ther* ? Tout corps quel qu'il ſoit tend vers
un centre ; mais la lumière & le feu s'en
échapent également de tous côtés. Elle n'eſt
donc pas ſoumiſe à la loi de gravitation qui
caractériſe toute matière.

G 4

Tout corps eſt impénétrable ; mais les rayons de lumière ſemblent ſe pénétrer. Mettez un corps qui aura reçu la couleur rouge à quelque diſtance d'un corps qui aura reçu des rayons verds ; que cent millions d'hommes regardent ce point verd & ce point rouge , ils les voyent tous deux également. Cependant , il eſt d'une néceſſité abſolue que les rayons verds & les rayons rouges ſe traverſent en angles égaux. Or comment peuventils ſe traverſer ſans ſe pénétrer ? on a propoſé cette difficulté à pluſieurs Philoſophes , aucun n'y a jamais répondu.

Il eſt vrai que l'on a prétendu que la lumière pèſe. Mais n'a-t-on pas confondu quelquefois les corpuſcules joints à la flamme avec la flamme elle-même ?

Qui ne connait ces expériences par leſquelles le plomb calciné pèſe plus étant réduit en chaux qu'auparavant. L'on a ſoupçonné que cette addition de poids était l'effet ſeul du feu introduit dans le plomb. Mais n'eſtil pas plus vraiſemblable que mille petits corps répandus dans l'atmoſphère raréfié , ſe font jettés en foule ſur ce métal en fuſion , & en ont ainſi augmenté le poids ?

Ce feu néceſſaire à tous les corps & qui leur donne la vie, peut-il être de la nature de ces corps mêmes, & n'eſt-il pas bien probable que le vivifiant a quelque choſe au deſſus du vivifié?

Conçoit-on bien qu'un être qui ſe meut ſeize cent mille fois plus vite qu'un boulet de canon dans nôtre atmoſphère, & dont la viteſſe eſt peut-être incomparablement plus rapide dans l'eſpace non réſiſtant, ſoit ce que nous appellons matière?

N'eſt-on pas obligé d'avouer aujourd'hui avec Muſchembrock, *qu'il n'y a rien qui nous ſoit moins connu que la cauſe de l'émanation de la lumière? il faut avouer que l'eſprit humain ne ſaurait jamais concevoir un phénomène ſi ſurprenant.*

Ce feu élémentaire n'eſt-il pas un principe de l'électricité, puiſqu'au même inſtant, au même clin d'œil le coup électrique ſe fait ſen-tir à trois cent perſonnes à la fois rangés à la file? Le premier eſt frapé le dernier ſent le coup dans l'inſtant même.

N'eſt-il pas dans les animaux le principe de la ſenſation inſtantanée qui fait que la moindre piquure aux extrêmités du corps ébranle fans aucun intervale de tems ce qu'on appelle le *Senforium* ? en un mot, cet être agiffant fi univerfellement, fi finguliérement fur tous les corps, n'eft-il pas un être intermédiaire entre la matière dont il a des proprietés, & d'autres êtres qui touchent encor à d'autres, & qui en diffèrent ?

Cette idée que le feu élémentaire eft quelque chofe qui tient d'un côté à la matière connue, & qui de l'autre s'en éloigne peut être rejettée, mais ne doit pas être méprifée.

Dans l'ignorance profonde où croupit le vulgaire gouverné, & le vulgaire gouvernant fur ces quatre élémens dont nous tenons la vie, a quoi nous ont fervi les découvertes en phyfique & les inventions du génie ? au lieu de bien cultiver la terre nous l'enfanglantons ; nous employons le feu & l'air a mettre les villes en cendres : les eaux de la mer nous fervent a porter la deftruction fur tout le globe. La métallurgie inventée d'abord pour l'ufage de la charue a fait périr mille millions d'hommes. La théorie des forces mouvantes employée d'abord à nous foulager dans nos travaux devint bientôt féçonde en machines meurtrières. Enfin l'invention d'un bénédictin chimiste, amenant un nouvel art de la guerre chez toutes les nations, rendant le courage & la force inutiles, a fait que Gustave & Turenne ont été tuez par des poltrons. Il y a maintenant en Europe en comptant les Turcs & les Tartares quinze cent mille soldats portant des fusils. Aucun ne fait qu'il est armé par un moine mathématicien.

CHAP. TRENTE-TROISIEME.

DES LOIX

INCONNUES.

SI Neuton a découvert cette clef de la nature par laquelle une pierre, une bombe retombe en cherchant le centre de la terre, & les planettes marchent dans leurs orbites, si cette loi de l'attraction agit non en raison des surfaces comme les loix de l'impulsion, mais en raison des solides ; si elle pénétre au centre de la matière en raison inverfe du quarré des diftances , pourquoi cette loi n'agit - elle pas fuivant les mêmes proportions dans les phénomènes de l'aiman , dans ceux de l'électricité , dans l'afcenfion des liqueurs à travers les tuyaux capilaires , dans la cohéfion des corps , dans les rayons du foleil qui rebondiffent d'une furface de criftal fans toucher réellement cette furface ? On ne peut dans aucun de ces cas avoir recours aux loix du mouvement , à l'impulfion des corpufcules intermédiaires. Il y a donc certainement des loix éternelles , inconnues , fuivant lefquelles tout s'opère , fans qu'on puiffe les expliquer par la matière & par le mouvement.

Ces loix reffemblent à celles par lefquelles tous les animaux font agir leurs membres à leur volonté. Qui découvrira le raport de la volonté d'un animal & du mouvement de fes jambes ? Il y a donc des loix qui ne tiennent en rien à la matière connue. La philofophie corpufculaire ne peut donc rendre aucune raifon des premiers principes des chofes. Defcartes en paraiffant s'expliquer en philofophe prononçait donc l'affertion la moins philofophique quand il difait , donnez moi de la matière & du mouvement, & je vais faire un monde.

Il y a dans toutes les Académies une chaire vacante pour les vérités inconnues, comme Athènes avait un autel pour les Dieux ignorés.

CHAP. TRENTE-QUATRIEME.

IGNORANCES
ETERNELLES.

LA nature de nos senfations, de nos idées de nôtre mémoire, ne nous eft-elle pas plus inconnue encor? Comment fe peut il faire qu'un animal fente? Quel raport y a-t'il entre la matière connue & le fentiment?

Comment une idée fe place-t-elle dans nôtre cervelle? peut-on avoir une fenfation fans avoir l'idée, la confcience; le témoignage interne, qu'on éprouve cette fenfation?

Comment cet animal à qui j'ai coupé la tête a-t-il encor des fenfations, privé du

cerveau d'où partent les nerfs qui font l'ori=
gine de tout fentiment?

Pourquoi vivant fans tête des années entières fent - il encor les piquures que je lui
fais ? pourquoi fe réfugie - t - il dans fon en-
velope à la moindre fenfation défagréable que
je lui caufe ?

Qu'eft - ce que la mémoire? & dans quel
magazin retrouve - t - on quelquefois fans le
vouloir, une foule d'idées & de mots dont
on n'avait plus aucun fouvenir.

Comment les animaux ont ils en fonge des
fenfations & des idées qu'ils n'avaient point
euës en veillant?

Par quel accord incompréhenfible la volonté fait elle obéir incontinent certains muf-
cles, certains vifcères, tandis qu'il y en a
d'autres fur lefquels elle n'aura jamais le moindre empire ? Enfin, pourquoi a - t - on l'exiftence? pourquoi eft - il quelque chofe?

Si après ces réfléxions on ne fait pas douter, il faut qu'on foit bien fier.

C H A-

CHAP. TRENTE-CINQUIEME.

INCERTITUDES
EN ANATOMIE.

MAlgré tous les secours que le microscope a donnés à l'anatomie ; malgré les grandes découvertes de tant d'habiles chirurgiens, de tant de médecins célèbres, que de disputes interminables se sont élevées, & dans quelle incertitude sommes nous encore !

Interrogez Borelli sur la force exercée par le cœur dans sa dilatation, dans sa diastole ; il vous assure qu'elle est égale à un poids de cent quatre vingt mille livres. Adressez vous à Keil, il vous certifie que cette force n'est que de cinq onces. Jurin vient qui décide qu'ils se sont trompés ; & il fait un nouveau calcul ; mais un quatriéme survenant prétend que Jurin s'est trompé aussi. La nature se moque d'eux tous, & pendant qu'ils disputent, elle a soin de nôtre vie ; elle fait contracter & dilater le cœur par des voyes que l'esprit humain n'a pas encore pénétrées.

On dispute depuis Hipocrate sur la manière dont se fait la digestion ; les uns accordent à l'estomac des sucs digestifs ; d'autres les lui refusent. Les Chimistes font de l'estomac un laboratoire. Hequet en fait un moulin. Heureusement la nature nous fait digérer sans qu'il soit nécessaire que nous sachions son secret. Elle nous donne des apetits, des goûts, & des aversions pour certains aliments dont nous ne pourons jamais savoir la cause.

On dit que nôtre chile se trouve déja tout formé dans les aliments même, dans une perdrix rotie. Mais que tous les chimistes ensemble mettent des perdrix dans une cornue, ils n'en retireront rien qui ressemble ni a une perdrix ni au chile. Il faut avouer que nous digérons ainsi que nous recevons la vie, que nous la donnons, que nous dormons, que nous sentons, que nous pensons ; sans savoir comment.

Nous avons des bibliothèques entières sur la génération, mais personne ne sait encor seulement quel ressort produit l'intumescence dans la partie masculine.

On

On parle d'un fuc nerveux qui donne la fenfibilité à nos nerfs, mais ce fuc n'a pû être découvert par aucun anatomifte.

Les efprits animaux qui ont une fi grande réputation, font encor à découvrir.

Vôtre médecin vous fera prendre une médecine, & ne fait pas comment elle vous purge.

La manière dont fe forment nos cheveux & nos ongles, nous eft auffi inconnue que la manière dont nous avons des idées. Le plus vil excrément confond tous les philofophes.

Vinflou & l'Emeri entaffent mémoire fur mémoire fur la génération des mulets; les favants fe partagent: l'âne fier & tranquille fans fe mêler de la difpute, fubjugue cependant fa cavale qui lui donne un beau mulet. La nature agit, & nous difputons.

Monfieur Ulloa fi célèbre par les fervices qu'il a rendus à la phyfique, & par l'hiftoire philofophique de fes voyages, affure que dans un canton de l'Amérique méridionale il a vu plufieurs fois, obfervé, mangé des écréviffes qui toutes étaient conftamment plus charnues dans la pleine lune, & plus chétives dans les quadratures. Il a vu & employé

H

de gros roſeaux qui éprouvaient les mêmes influences, étant plus nourris d'eau quand la lune était dans ſon plein que dans le tems du croiſſant & du décours. Il eut été à ſouhaiter qu'il eut donné plus de détails de ces étonnantes ſingularités. Ni les écréviſſes, ni les roſeaux de nos climats ne ſubiſſent de pareils changements. Pourquoi la lune agirait-elle ſur les écréviſſes du Pérou, & négligerait-elle celles de nôtre continent ? Pourquoi ne ſerait-ce que dans un ſeul canton du Pérou que les roſeaux & les écréviſſes ſeraient ſoumis à l'empire de la lune ! Je ferais un trop gros livre ſi je voulais détailler tout ce que je n'ai jamais pu comprendre.

CHAPIT. TRENTE-SIXIEME.

DES MONSTRES,
ET DES
RACES DIVERSES.

ON ne s'accorde point fur l'origine des monftres. Comment s'accorderait-on, puifqu'on ne convient pas encor de la formation des animaux réguliers ?

Natura eft fibi femper confona, dit Neuton ; la nature eft partout femblable à elle même. Oui, les corps tendent vers le centre en tout pays. Le feu brulera par tout, mais la nature agit très différemment dans les générations, puifque parmi les animaux les uns jettent des œufs, les autres font vivipares, ceux-ci n'ont qu'un fexe, ceux là en ont deux, plufieurs engendrent fans copulation.

.Quo teneam vultus mutantem protea nodo ?

La race des négres n'eft-elle pas abfolu-

ment différente de la nôtre ? Il y a encor
des ignorants qui impriment que des négres
& des négreſſes tranſportés dans nos climats
engendrent des blancs. Il n'y a rien de plus
faux , & tous nos colons d'Amérique qui
ont des négres ſont témoins du contraire.

Comment peut-on imprimer encor aujour-
d'hui que les noirs ſont une race de blancs
noircie par le climat , tandis qu'on ſait que
ſous le même climat il n'y avait aucun noir
en Amérique lorſqu'elle fut découverte , tandis qu'il n'y a de négres que ceux qu'on y
a tranſplantés d'Afrique , tandis que ces négres engendrent toujours des négres comme
eux ? La maladie des ſiſtêmes peut-elle trou-
bler l'eſprit au point de faire dire qu'un
Suédois & un Nubien ſont de la même eſpèce , lorſqu'on a ſous les yeux le réticulum
mucoſum des négres qui eſt abſolument noir ,
& qui eſt la cauſe évidence de leur noirceur
inhérente & ſpécifique ? Je ſais que dans la
même carrière on trouve du marbre noir &
du marbre blanc , mais certainement le blanc
n'a pas produit le noir , & les races négres
ne viennent pas plus de races blanches que
l'ébéne ne vient d'un orme , & que les mu-
res ne viennent des abricots.

Le compilateur du journal Oeconomique, qui n'eſt jamais ſorti de la rue St. Jaques, me dit d'un ton de maître que les Caraïbes n'étaient point rouges ; que les mères ſe plaiſaient ſeulement à teindre en rouge leurs enfans. Et voilà mes voiſins qui arrivent de la Guadeloupe, & qui me donnent une atteſtation, *qu'il y a encor cinq à ſix familles Caraïbes dans l'anſe Bertrand, leur peau eſt de la couleur de nôtre cuivre rouge, ils ſont bien faits, ils ont de longs cheveux & point de barbe.*

Ils ne ſont pas les ſeuls peuples de cette couleur. J'ai parlé à l'Indien inſulaire qui qui vint en France demander juſtice vers l'an 1720, au conſeil du Roi contre Mr. Hebert ci - devant Gouverneur de Pondicheri, & qui l'obtint. Il était rouge, & d'ailleurs un très bel homme.

Maillet a raiſon quelquefois. Il avait beaucoup vu & beaucoup examiné. *Les Américains*, dit - il, page 125 du Ier. vol. : *ſurtout les Canadiens, excepté les Eſquimaux, n'ont ni poil ni barbe &c.* Son éditeur qui a fait imprimer le manuſcrit de Maillet chez la veuve Duchêne, fait une note ſur ce texte & dit fiérement « Telliamed ſe trompe ; les

» sauvages de l'Amérique ne font point fans poil
» & fans barbe ; ils n'en ont point parce que
» s'arrachant le poil , ou le faifant tomber à
» mefure qu'il paraît ; ils fe frotent enfuite du
» jus de certaines herbes pour l'empêcher de
» croître de nouveau.

Avec quelle confiance , avec quelle ignorance intrépide ce badaut de Paris prétend - il
que les Braziliens & les Canadiens & les Pa-
tagons fe font donnez le mot de s'arracher le
poil fans avoir des pinces ; quel fecret fe
font - ils communiqués du fleuve St. Laurent
au cap de Horn pour empêcher la barbe de
croitre ? Quel eft le voyageur , le Colon
Américain qui ne fache que ces peuples n'ont
jamais eu de poil en aucune partie de leur
corps ?

Les hommes dans le nouveau monde en font
privés comme les Lions y font privés de
crins (*) toute la nature était différente

(*) Voici la lettre qu'un ingénieur en chef qui
a commandé longtems en Canada , me fait l'honneur
de m'écrire du premier Décembre 1768.

» J'ai vu au Canada trente deux nations différentes
» raffemblées à la fois pendant deux campagnes de
» fuite dans nôtre armée & je les ai vus avec des
» yeux affez curieux pour vous affurer qu'ils font im-
» berbes. Leurs femmes le font auffi , & c'eft un fait
» fur

de la nôtre en Amérique quand nous la découvrimes ; de même que fur les bords méridionaux de l'Afrique il n'y avait rien qui reffemblât aux productions de nôtre Europe , ni hommes , ni quadrupèdes , ni oifeaux , ni plantes.

Croira - t - on de bonne foi qu'un Lapon & un Samoyède , foient de la race des anciens habitans des bords de l'Euphrate ? Leurs Rangifères ou Rennes , animaux qui ne fe trouvent point ailleurs & qui ne peuvent vivre ailleurs , defcendent - ils des cerfs de la forêt de Senlis ? Il n'a pas certainement été plus difficile à la nature , de faire des Lapons & des Rangifères que des nègres & des éléphants.

Les négres blancs que j'ai vus ; ces petits hommes qui ont des yeux de perdrix , & la foie la plus fine & la plus blanche fur la tête , & qui ne reffemblent aux négres que par leur nez épâté , & par la rondeur de la conjoncti-

H 4

» fur lequel vous pouvez également compter. Enfin ,
» Monfieur , nonfeulement les Américains n'ont point
» de poil au menton , mais il n'en ont dans aucune
» partie du corps. Ils en ont l'obligation à la nature ,
» & non à la prétendue herbe dont le favant Auteur
» de la rue St. Jaques prétend qu'ils fe frottent.

ve ; ne me paraiffent pas plus defcendre d'une race noire dégénérée que d'une race de per‑ roquets. L'auteur de l'hiftoire naturelle les croit d'une race noire parce qu'ils font blancs , & qu'ils habitent tous à peu près la même latitude , au Darien , au Sud du Zaïr , & à Ceïlan. Et moi, c'eft parce qu'ils habitent la même latitude , que je les crois tous d'une race particuliére.

Eft-il bien vrai que dans quelques îles des Philipines & des Mariannes, il y ait quel‑ ques familles qui ont des queues comme on peint les fatyres & les faunes ? Des miffion‑ naires Jéfuites l'ont affuré ; plufieurs voiageurs n'en doutent pas ; Maillet dit qu'il en a vu. Des domeftiques négres de feu Mr. de la Bourdonnais le vainqueur de Madras & la victime de fes fervices , m'ont juré qu'ils en avaient vu plufieurs. Il ne ferait pas plus étrange que le croupion fe fut allongé & re‑ levé dans quelques races d'hommes, qu'il ne l'eft de voir des familles qui ont fix doigts aux mains. Mais qu'il y ait eu quelques hom‑ mes a queue ou non, cela eft fort peu impor‑ tant , & il faut ranger ces queues dans la claffe des monftruofités.

Y a -t'il eu en effet des efpèces de fatyres , c'eft-à-dire , des filles ont elles pû être en- ceintes de la façon des finges , & enfanter des animaux métis , comme les juments font des mulets & des jumares ? Toute l'antiquité attefte ces faits finguliers. Plufieurs faints ont vu des fatyres. Ce n'eft pas un article de foi. La chofe eft très poffible , mais elle a dû être rare. Il eft vrai que les finges aiment fort les filles : mais nos filles ont de l'horreur pour eux , elles les craignent , elles les fuient. Cependant on ne peut douter de plufieurs unions monftrueufes , arrivées quelquefois dans les païs chauds. La peine prononcée dans les loix Juives contre de tels accouplements eft une preuve inconteftable de leur réalité , & il eft fort probable qu'il eft né des ani- maux de ces melanges ignorés dans nos villes , mais dont on voit des exemples dans les campagnes.

C H A.

CHAPIT. TRENTE-SEPTIEME.

DE LA POPULATION.

LA population a-t-elle toujours été abondante ? Non fans doute ; les peuples pareffeux comme la plupart des Américains, ont dû toujours être en petit nombre ; ils laiffent leurs terres en friche ; les fleuves les inondent, des marais immenfes infectent l'air ; on refpire des poifons. La paucité de la race humaine rend la terre inhabitable, & cette terre abandonnée contribue à fon tour à la dépopulation. Nôtre continent eft tantôt plus, tantôt moins peuplé. Le nombre des citoyens romains diminua fenfiblement depuis les horribles fceleratelles de Silla & de Marius, jufqu'à celle du lâche Octave furnommé Augufte, & de l'éffrené Antoine.

L'efpèce diminua beaucoup en France dans les guerres civiles jufqu'aux belles années du divin Henri IV. j'ai lû, dans je ne fais quels livres, que fous Charles IX. au tems de la St. Barthelemi, la France avait vingt-neuf millions d'habitans. Une pareille erreur ne mérite pas d'être réfutée.

Il est certain que la peste, la guerre, la famine, l'inquisition ont dépeuplé des royaumes entiers. D'un autre côté il y a des provinces trop peuplées comme la basse Allemagne, dont il est sorti plus de vingt mille familles pour aller chercher des terres dans les colonies anglaises. Le pays du Pape manque d'hommes, celui des Provinces Unies en regorge, la raison en est assez connue; l'un est habité par des prêtres qui immolent les races futures à l'espérance d'un petit bénéfice, l'autre est peuplé des facteurs des deux mondes. Si on avait dit à Trajan dans son beau forum, *Londres sera un jour six fois plus peuplée que vôtre Rome*, on l'aurait bien étonné.

L'Europe est-elle plus peuplée qu'elle ne l'était du tems de Charlemagne ? Oui, malgré les moines. Regardez Amsterdam, Venise, Paris, Londres, Milan, Naples, Hambourg & tant d'autres villes qui n'étaient alors que des villages très chétifs, ou qui n'existaient pas.

La plus grande partie de la forêt Hercinie est couverte de villes, de villages & de moissons.

Le bois commence à manquer de nos jours prefque partout : nôtre Europe eft fi peuplée qu'il eft impoffible que chacun ait du pain blanc & mange quatre livres de viande par mois. Voila où nous en fommes : avons nous trop de monde ? n'en avons nous pas affez ?

Au refte, ne négligeons jamais l'occafion de remarquer l'épouvantable ridicule de ceux qui donnent à chaque enfant de Noé des centaines de milliards de defcendants au bout de quelques années.

Un célèbre Ecoffais (Mr. Templeman) a calculé que fi toute la terre habitée était peuplée comme la Hollande, elle contiendrait 34720 millions d'habitans. Si comme la Ruffie 455 millions feulement. L'auteur de l'Effai fur l'hiftoire générale & fur les mœurs des nations, affigne autour de neuf cent millions de têtes au genre humain. Je crois qu'il ne s'éloigne pas beaucoup de la vérité. Quand on ne fe trompe que d'un million dans de tels calculs le mal n'eft pas grand. Je ne fais fi la terre manque d'hommes , mais certainement elle manque d'hommes heureux.

CHA.

CHAP. TRENTE-HUITIEME.

IGNORANCES STUPIDES

ET

MÉPRISES FUNESTES.

Quoi que les physiciens paraissent condamnés à une ignorance éternelle sur les principes des choses, cependant la distance est prodigieuse entre eux & le vulgaire. Quelle différence, par exemple, des connaissances d'un grand artiste en horlogerie & d'une dame qui achète sa montre ? Elle ne s'informe pas seulement de l'art qui a divisé également les heures du jour. Il y a cent mille ames dans Paris qui en soufflant le feu de leurs cheminées, n'ont jamais seulement pensé à la mécanique par laquelle l'air entrant dans leur soufflet ferme ensuite la soupape qui lui est attachée. Les Dames, les Princesses, les Reines, passent une partie du matin à leur miroir, sans imaginer qu'il y a des traits de lumière qui forment un angle d'incidence égal à l'angle de réflexion. On mange tous

les jours des membres, des entrailles d'ani‑
maux, en n'ayant pas même la curiofité de
favoir ce qu'on mange. Le nombre eft très
petit de ceux qui cherchent à s'inftruire des
refforts de leurs corps & de leur penfée. De
là vient qu'ils mettent fouvent l'un & l'au‑
tre entre les mains des charlatans.

Le gros des hommes eft dans ce cas pour
les chofes qui l'intéreffent le plus. La routi‑
ne les conduit dans toutes les actions de leur
vie ; on ne réfléchit que dans les grandes
occafions, & quand il n'eft plus tems. C'eft
ce qui a rendu prefque toutes les adminiftra‑
tions vicieufes ; c'eft ce qui a produit autant
d'erreurs dans le gouvernement que dans la
philofophie. En voici un exemple palpable
tiré de l'arithmétique.

Le gouvernement de Suède eût autrefois
befoin d'argent ; le miniftre emprunta & créa
des rentes perpétuelles à cinq pour cent com‑
me avaient fait fes prédeceffeurs. L'argent
valait alors vingt-cinq livres idéales le marc ;
ainfi le citoyen & l'étranger qui prêtèrent
chacun quarante marcs, durent recevoir à
cinq pour cent chacun deux marcs de rente,
c'eft-à-dire cinquante livres idéales, l'écu

était alors à deux livres chimériques & demi ; qu'on nommait cinquante fous chimériques. Ces deux marcs réels compofaient au rentier, vingt écus de rente qu'on appellait cinquante livres.

Cependant, les dépenfes augmentèrent, l'état s'obérra de plus en plus ; l'argent manqua. On confeilla au miniftre de faire valoir le marc cinquante livres au lieu de vingt-cinq & par conféquent de donner la dénomination de cinq livres à ce même écu qui n'en valait que deux & demi. Par la vertu de cette parole, il payera, difait-on, toutes les rentes en idée, & il ne donnera réellement que la moitié de ce qu'il doit. On promulgue l'édit, l'écu en vaut deux tout d'un coup. Cinquante fous numéraires font changés en cent fous numéraires. Le fot peuple à qui on dit que fon argent a doublé de valeur dans fa poche, fe croit du double plus riche, & celui qui a prêté fon argent a perdu en un moment & pour jamais la moitié de fon bien. Mais qu'arrive-t'il de cette opération aufli injufte qu'abfurde ? Le gouvernement ne reçoit plus que la moitié des impôts ; le cultivateur qui devait un écu, ou

deux livres & demi idéales de taille , ne donne plus que la moitié réelle d'un écu , & le
gouvernement en fruſtrant ſes créanciers , eſt
bien plus fruſtré par ſes débiteurs. Il n'a
d'autre reſſource que de doubler les impôts ,
& cette reſſource eſt une ruine. Rien n'eſt
plus ſenſible que cet exemple.

On voit mille autres abus non moins per-
nicieux dans plus d'un état. On n'y remédie
pas ; on étaye comme on peut la maiſon prête
à crouler , & on laiſſe le ſoin de la rebâtir à
ſon ſucceſſeur qui n'en poura venir à bout.

Il y a des vices d'adminiſtration qui ſont
plus contagieux que la peſte , & qui portent
néceſſairement la déſolation d'un bout de
l'Europe à l'autre. Un prince veut faire la
guerre , & croyant que Dieu eſt toujours
pour les gros bataillons , il double le nombre
de ſes troupes ; le voilà d'abord ruiné dans
l'eſpérance d'être vainqueur ; cette ruine qui
était auparavant la ſuite de la guerre , commence chez lui avant le premier coup de canon. Son voiſin en fait autant pour lui réſiſ-
ter ; chaque prince de proche en proche double auſſi ſes armées ; les campagnes ſont donc
ravagées du double , le cultivateur double-
ment

ment foulé a nécessairement la moitié moins de bestiaux pour engraisser ses terres, la moitié moins de manœuvres pour l'aider à les cultiver. Ainsi tout le monde souffre à peu près également, quand même les avantages seraient égaux de chaque côté.

Les loix qui concernent la justice distributive ont été souvent aussi mal conçues que les ressources d'une administration obérée. Les hommes ayant tous les mêmes passions, le même amour pour la liberté, chaque homme étant à peu près un composé d'orgueil, de cupidité & d'intérêt, d'un grand goût pour une vie douce, & d'une inquiétude qui exige une vie active, ne devraient-ils pas avoir les mêmes loix, comme dans un hôpital on fait prendre le même quinquina à tous ceux qui ont la fièvre tierce?

On répond à cela que dans un hôpital bien policé, chaque maladie a son traittement particulier. Mais c'est ce qui n'arrive pas; tous les peuples sont malades en morale, & il n'y a pas deux régimes qui se ressemblent.

Les loix de toute espèce qui sont la médecine des ames, ont donc été composées presque par-tout par des charlatans, qui ont

I

donné des palliatifs, & quelques - uns même ont preſcrit des poiſons.

Si la maladie eſt la même dans le monde entier, ſi un Baſque a tout autant de cupidité qu'un Chinois, il eſt évident qu'il faut un régime uniforme pour le Chinois & pour le Baſque. La différence du climat n'a ici aucune influence. Ce qui eſt juſte à Bilbao doit être juſte à Pékin, pour la raiſon qu'un triangle rectangle eſt la moitié de ſon quarré ſur le rivage Atlantique comme ſur le rivage Indien ; la vérité eſt une, toutes les loix différent ; donc la plupart des loix ne valent rien.

Un Juriſconſulte un peu philoſophe me dira, les loix ſont comme les régles du jeu, chaque nation joue aux échecs différemment. Chez les unes le Roi peut faire deux pas, chez d'autres il n'en fait qu'un ; ici on va à dame, là on n'y va pas. Mais dans chaque pays tous les joueurs ſe ſoumettent à la loi établie.

Je lui réponds, cela eſt fort bien quand il ne s'agit que de jouer. Je joue mon bien en Hollande en le plaçant à deux & demi pour cent, en France j'en aurai cinq. Certaines denrées payeront plus de droits en Angleterre qu'en Espagne. Ce sont là véritablement des jeux dont les règles sont arbitraires. Mais il y a des jeux où il va de la liberté, de l'honneur & de la vie.

Celui qui voudrait calculer les malheurs attachés à l'administration vicieuse, serait obligé de faire l'histoire du genre humain. Il résulte de tout ceci, que si les hommes se trompent en physique, ils se trompent encor plus en morale; & que nous sommes livrés à l'ignorance & au malheur, dans une vie qui, tout bien calculé, n'a pas l'une portant l'autre trois ans de sensations agréables.

Mais quoi! nous répondra un homme à routine, était-on mieux du tems des Goths, des Huns, des Vandales, des Francs, & du grand Shisme d'Occident?

Je réponds que nous étions beaucoup plus mal. Mais je dis que les hommes qui sont aujourd'hui à la tête des Gouvernements étant beaucoup plus instruits qu'on ne l'était alors, il est honteux que la société ne se soit pas perfectionnée en proportion des lumières acquises. Je dis que ces lumières ne sont encor qu'un crépuscule. Nous sortons d'une nuit profonde, & nous attendons le grand jour.

F I N.